낙동강의 수생식물

저자 최홍근 • 신현철

한림원출판사

목 차

머 리 말

우리나라의 5대 강 수계 중에서 두 번째를 차지하는 낙동강 수계에 생육하고 있는 수생관속식물의 사진과 각 종에 대한 분포도를 작성하였다. 낙동강 수계는 오대산에서 낙동강 하구에 이르는 본류와 남강과 같은 큰 지류를 포함하여 곳곳에 형성된 배후습지와 자연늪을 비롯한 저수지, 연못, 소류지 및 수로가 산재하고 있어 다른 수계에 비하여 수생관속식물의 종류가 다양하고 풍부하다.

단, 안타까운 것은 지난 정부에서 시행한 낙동강 사업으로 수생식물들의 주요 생육지인 하천변의 지형이 조사 당시와는 많이 달라졌다는 점과, 정말로 아쉬운 점은 본 책에서 설명된 많은 수생식물들이 이제는 예전에 조사된 곳에서조차 찾아보기 힘들게 되었다는 점일 것이다.

그리고, 본 책이 나오기까지 여러 사람의 도움을 받았다. 지금 동북아식물연구소에 근무하고 있는 나혜련을 비롯하여 아주대학교 식물계통분류학 실험실 졸업생인 한국수자원공사의 김호준, 중국 곤명연구소에 있는 김창균, 성신여자대학의 정종덕, 그리고 미국 Cold Spring Habour Lab에 있는 이 승조 등의 도움을 많이 받았다. 무엇보다도 이 책을 발간하면서 한림원 김흥중 사장님과 편집진에게 미안한 마음을 표시하고자 한다. 원래 이 책은 2008년도에 출판 계약을 맺었으나 본인의 게으름 탓으로 지금까지 지연되게 되었다. 위 모든 분들에게 다시 한 번 더 심심한 사의를 표하고자 한다.

2014. 2.

저자대표 **최 홍 근**

Ⅰ 조사 내용

1. 조사대상

낙동강에 분포하는 수생관속식물(aquatic vascular plants, 이하 수생식물)을 조사대상으로 하였다. 수생식물은 정상적으로는 물에서 생육하며, 물 밖으로 나올 경우에도 생활사 중 한 시기를 수중에서 생활한다. 또한 계통분류학적인 분류체계에 관계없이 모든 식물그룹에 산재하고 있으나, 해부학적 특징인 통기조직(aerenchyma)의 유무와 발달정도에 의해 습생식물 및 육상식물과 구별할 수 있다.

2. 조사지역

낙동강 수계권역의 본류 및 지류에 형성된 배후습지, 자연늪, 저수지, 연못, 수로 등을 조사지역으로 하였다(**그림** 1). 수생식물이 생육하는 지점의 GPS 좌표를 확보하여 종별 분포를 파악하였다.

3. 조사기간

2004년 6월~10월에 걸쳐 한 장소를 2회 이상 반복하여 조사하였다.

4. 식물동정, 표본제작, 화상자료 수집

정수식물과 부엽식물은 손삽이나 전정가위로 식물체 전체 또는 지상부만을 절취하고, 침수식물의 경우 접근이 가능한 경우 물속에 들어가 채집하며, 접근할 수 없는 생육지는 갈고리를 던져 끌려오는 식물체를 채집하였다. 부유식물의 경우, 채를 이용하여 채집하였다. 채집된 수생식물은 한국산 수생관속식물지(최홍근. 1985), 수생관속식물(최홍근. 2000), 그리고 일본수초도감(Kadono, Y. 1994)에 따라 동정하였다. 채집지(GPS 좌표), 채집년월일 등의 관련정보를 기록하여 석엽표본으로 제작하였다. 또한 수동카메라 및 디지털 카메라를 이용하여 생식기관을 중심으로 대상 식물종의 화상 자료를 수집하였다.

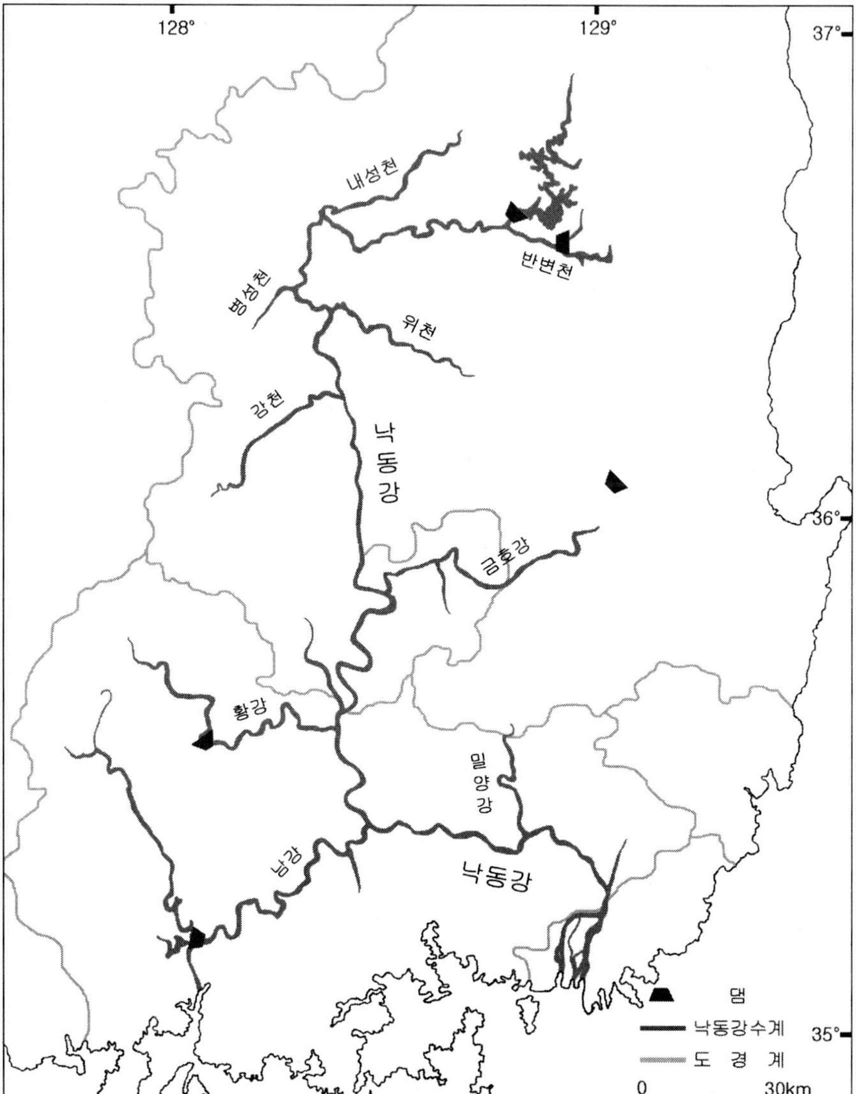
128°
129°
37°
36°
35°
내성천
반변천
병성천
위천
감천
낙
동
강
금호강
황강
밀
양
강
남강
낙동강
댐
낙동강수계
도 경 계
0
30km

그림 1. 낙동강 수계권역

5. 조사결과

낙동강 수계권역에 분포하는 수생식물은 30과 42속 53종 2아종 7변종 총 62종류로 조사되었다(**표** 1). 수생식물이 조사된 지점은 90개소이며(**부록**), 행정구역상 경상남북도·대구·부산에 분포하며, 하천·늪·저수지·연못·수로 등의 생육환경을 나타낸다(**표** 2; **그림** 2).

조사된 수생식물 중, 산림청 선정 희귀 및 멸종위기 식물(1997)인 흑삼릉 (*Sparganium erectum* L.), 자라풀 [*Hydrocharis dubia* (Blume) Backer], 창포 (*Acorus calamus* var. *angustatus* Besser), 가시연꽃 (*Euryale ferox* Salisb.), 통발 (*Utricularia vulgaris* var. *japonica* L.) 등이 확인되었다. 출현 식물종 중, 올미 (*Sagittaria pygmaea* Miquel), 솔잎가래 (*Potamogeton pectinatus* L.), 남개연 [*Nuphar pumilum* var. *ozeense* (Miki) Hara], 분개구리밥 [*Wolffia arrhiza* (L.) Kurz.], 민나스말 (*Najas marina* L.), 들통발 [*Utricularia pilosa* (Makino) Makino] 등은 1개 지점에서 발견되었다. 20개소 이상에서 분포가 확인된 수생식물 중, 정수성 식물로는 나도겨플 (*Leersia japonica* Makino), 갈대 [*Phragmites australis* (Cav.) Trin ex Steud.], 애기부들 (*Typha angustifolia* L.), 줄 (*Zizania latifolia* Turczaninow) 등이 확인되었고, 부엽성 식물로는 마름 (*Trapa japonica* Flerov), 부유성 식물로는 생이가래 [*Salvinia natans* (L.) Allioni], 개구리밥 [*Spirodela polyrhiza* (L.) Schleiden], 침수성 식물로는 말즘 (*Potamogeton crispus* L.), 검정말 [*Hydrilla verticillata* (L. fil.) Royle], 붕어마름 (*Ceratophyllum demersum* L.) 등이 각각 발견되었다(**표** 3).

표 1. 낙동강 수계 수생식물 출현종 목록

과명	학명	국명	생활형*
Masileaceae	*Marsilea quadrifolia* L.	네가래	fl
Salviniaceae	*Salvinia natans* (L.) Allioni	생이가래	ff
Typhaceae	*Typha orientalis* Presl	부들	em
	Typha angustifolia L.	애기부들	em
	Typha laxmanni Lepechin	꼬마부들	em

과명	학명	국명	생활형*
Sparganiaceae	*Sparganium erectum* L.	흑삼릉★	em
Potamogetonaceae	*Potamogeton distinctus* A. Benn.	가래	fl
	Potamogeton octandrus Poiret	애기가래	fl
	Potamogeton malaianus Miquel	대가래	fl
	Potamogeton crispus L.	말즘	sm
	Potamogeton pusillus L.	실말	sm
	Potamogeton maackianus A. Benn.	새우가래	fl
	Potamogeton pectinatus L.	솔잎가래	fl
Najadaceae	*Najas graminea* Delile	나자스말	sm
	Najas marina L.	민나자스말	sm
Alismataceae	*Alisma orientale* (Sammelon) Juzepczuk	질경이택사	em
	Sagittaria pygmaea Miquel	올미	em
	Sagittaria sagittifolia subsp. *leucopelata* var. *leucopelata* (Miquel) Hartog	벗풀	em
	Sagittaria sagittifolia subsp. *leucopelata* var. *edulis* (Schlecht) Rataj	소귀나물	em
Hydrocharitaceae	*Ottelia alismoides* (L.) Person	물질경이	sm
	Hydrocharis dubia (Blume) Backer	자라풀★	fl
	Vallisneria asiatica Miki	나사말	sm
	Vallisneria spinulosa S.-Z. Yan	낙동나사말	sm
	Hydrilla verticillata (L. fil.) Royle	검정말	sm
Poaceae	*Leersia japonica* Makino	나도겨풀	em
	Zizania latifolia Turczaninow	줄	em
	Phragmites australis (Cav.) Trin ex Steud.	갈대	em
	Phragmites japonica Steud.	달뿌리풀	em
Cyperaceae	*Eleocharis kuroguwai* Ohwi	올방개	em
	Eleocharis mamillata var. *cyclocarpa* Kitagawa	물꼬챙이골	em
	Bolboschoenus maritimus (L.) Palla	매자기	em
	Schoenoplectiella triangulata (Roxb.) J. Jung and H.-K. Choi	송이고랭이	em
	Schoenoplectus tabernaemontani (C.C.Gmel.) Palla	큰고랭이	em
	Schoenoplectus triqueter (L.) Palla	세모고랭이	em

과명	학명	국명	생활형*
Araceae	*Acorus calamus* var. *angustatus* Besser	창포★	em
Lemnaceae	*Spirodela polyrhiza* (L.) Schleiden	개구리밥	ff
	Lemna minor L. (*s.l.*)	좀개구리밥	ff
	Wolffia arrhiza (L.) Kurz.	분개구리밥	ff
Commelinaceae	*Murdannia keisak* (Hassk.) Hand.-Mazz.	사마귀풀	em
Pontederiaceae	*Monochoria korsakowi* Regelet Maack	물옥잠	em
	Monochoria vaginalis var. *plantaginea* (Roxburgh) Solms-Laubach	물달개비	em
Juncaceae	*Juncus effusus* var. *decipiens* Buchen.	골풀	em
Polygonaceae	*Persicaria amphibia* (L.) S.F. Gray	물여뀌	fl
	Polygonum thunbergii Sieb. et Zucc.	고마리	em
Nymphaceae	*Nuphar pumilum* var. *ozeense* (Miki) Hara	남개연	fl
	Euryale ferox Salisb.	가시연꽃★	fl
Nelumbonaceae	*Nelumbo nucifera* Gaertner	연꽃	fl
Ceraptophyllaceae	*Ceratophyllum demersum* L.	붕어마름	sm
Elatinaceae	*Elatine triandra* Schk.	물별	em
Lythraceae	*Rotala indica* (Willdenow) Koehne	마디꽃	em
Trapaceae	*Trapa incisa* Siebold et Zuccarini	애기마름	fl
	Trapa japonica Flerov	마름	fl
Haloragaceae	*Myriophyllum spicatum* L.	이삭물수세미	sm
Apiaceae	*Oenanthe javanica* (Blume) DC.	미나리	em
Menyanthaceae	*Nymphoides peltata* (Gmelin) O. Kuntze	노랑어리연꽃	fl
	Nymphoides indica (L.) O. Kuntze	어리연꽃	fl
Scrophulariaceae	*Lindernia procumbens* Borbas	밭뚝외풀	em
Cucurbitaceae	*Actionostemma lobatum* Max.	뚜껑덩굴	em
Pedaliaceae	*Trapella sinensis* var. *antennifera* (Leveille) Hara	수염마름	fl
Lentibulariaceae	*Utricularia pilosa* (Makino) Makino	들통발	ff
	Utricularia vulgaris var. *japonica* L.	통발★	ff
Lobeliaceae	*Lobelia chinensis* Loureiro	수염가래꽃	em

* em; emergent hydrophyte(정수식물), fl; floating-leaved hydrophyte(부엽식물), ff; free-floating hydrophyte(부유식물), sm; submerged hydrophyte(침수식물)

★ 희귀 및 멸종위기 식물(산림청, 1997)

표 2. 낙동강 수계 수생식물 분포도 90개 지점의 행정구역 명칭

일련번호	행정구역명
1	경북 문경시 산양면 우본리 우본지
2	경북 문경시 산양면 존도리 금천
3	경북 문경시 산양면 송죽리 평지지
4	경북 상주시 초산동 중덕지
5	경북 예천군 풍양면 낙상리 삼청지
6	경북 예천시 호명면 원곡리 경진교
7	경북 안동시 풍천면 가곡리 여자지
8	경북 안동시 풍산읍 소산리 소산지
9	경북 안동시 풍산읍 만운리 만운저수지
10	경북 영양군 영양읍 삼지리 탑밑못
11	경북 영양군 영양읍 삼지리 원댕이못
12	경북 영양군 영양읍 삼지리 바대못
13	경북 의성군 안계면 봉양리 개천지
14	경북 구미시 해평면 창림리 창림지
15	경북 구미시 연곡천 하류
16	경북 구미시 지산동 지산늪
17	경북 칠곡군 왜관읍 장원봉 인근
18	경북 영천시 오미동 삼귀지
19	경북 영천시 연화동 우노제
20	경북 영천시 청통면 대평리 풍락제
21	경북 영천시 봉동
22	경북 영천시 본촌동 본촌제
23	경북 영천시 범어동 범어제
24	경북 영천시 북안면 유하리 유상대제
25	경북 영천시 금호읍 오계리 대승제
26	경북 경산시 진량읍 내리리 문천지
27	경북 경산시 압량면 현흥리 연지
28	대구 달성군 유가면 황지
29	대구 달성군 유가면 기산지
30	경북 청도군 각북면 덕촌리 덕산초등학교 인근

일련번호	행정구역명
31	경북 청도군 풍각면 차산리 청석지
32	경북 청도군 이서면 신촌리
33	경북 청도군 이서면 양원리 상당마을
34	경북 청도군 이서면 학산리
35	경북 청도군 화양읍 토평리 군자정
36	경북 청도군 화양읍 유등리 노산지
37	경북 청도군 청도읍 월곡교 인근
38	경북 청도군 매전면 지전리 동산마을
39	경남 합천군 용주면 손목리 박실지
40	경남 합천군 용주면 성산리 제기동
41	경남 합천군 대양면 정양리 정양지
42	경남 합천군 합천읍 금양리 금양삼거리
43	경남 합천군 적중면 상부리
44	경남 합천군 적중면 양림리 하장림지
45	경남 합천군 적중면 두방리
46	경남 합천군 적중면 황정리
47	경남 창녕군 유어면 대대리 우포
48	경남 창녕군 대합면 주매리 사지포
49	경남 창녕군 유어면 미구리 팔락늪
50	경남 창녕군 장마면 유동지
51	경남 창녕군 계성면 번개늪
52	경남 창녕군 영산면 장척지
53	경남 창녕군 남지읍 성사리 성사교
54	경남 창녕군 남지읍 신전저수지
55	경남 밀양시 무안면 내진리 내진마을
56	경남 밀양시 상동면 안인리 안인제
57	경남 밀양시 초동면 초동지
58	경남 밀양시 초동면 검암리
59	경남 밀양시 초동면 신호리
60	경남 밀양시 상남면 외산리 밀양강 하류

일련번호	행정구역명
61	경남 의령군 부림면 입산리 유곡천
62	경남 산청군 신등면 골담 사정저수지
63	경남 산청군 신등면 양전리 신등중고교 인근
64	경남 산청군 생비량면 소이리 소이교
65	경남 산청군 생비량면 시매교
66	경남 함안군 법수면 대평늪
67	경남 함안군 법수면 황사리 황사
68	경남 함안군 법수면 질날벌
69	경남 함안군 법수면 법수늪
70	경남 함안군 대산면 대치리 모시벌
71	경남 함안군 대산면 항아골늪
72	경남 창원시 동읍 산남저수지
73	경남 창원시 동읍 주남저수지
74	경남 창원시 동읍 동판저수지
75	경남 김해시 한림면 장재교
76	경남 김해시 한림면 봉화마을
77	경남 김해시 한림면 퇴래리 화포천
78	경남 김해시 대동면 예안리
79	경남 김해시 대동면 신안나루터
80	경남 양산시 물금읍 양산천 중류
81	경남 진주시 옥종면 문암교
82	경남 진주시 집현면 장흥리 월평교
83	경남 진주시 지수면 청담리 들말
84	경남 사천시 곤명면 정곡리
85	부산 강서구 강동동 시만교
86	부산 강서구 강동동 평강교
87	부산 강서구 삼락동 낙동강 고수부지
88	부산 강서구 강동동 평강천 중류
89	부산 강서구 명지동 서낙동강
90	부산 강서구 화전동 녹산제방

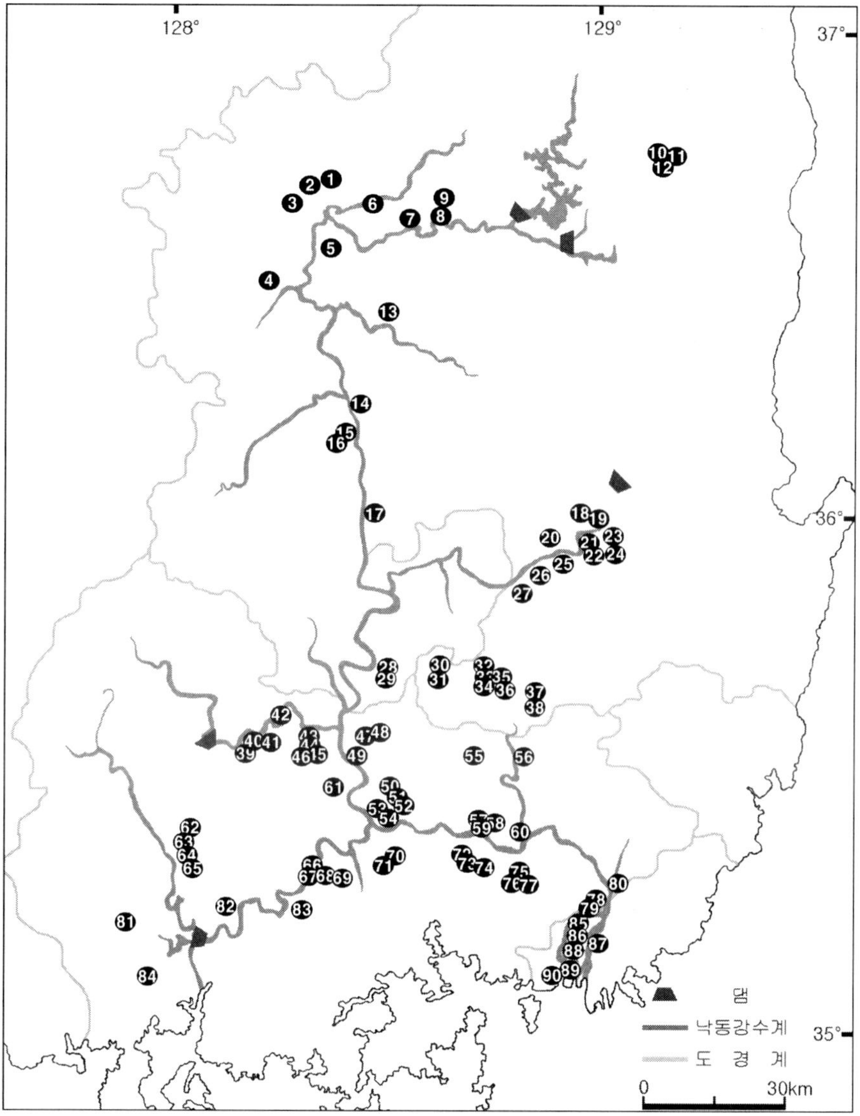

그림 2. 낙동강 수계의 수생식물 분포도 조사지점

표 3. 낙동강 수계 수생식물의 출현 빈도수 (분포지점수)

출현 빈도수	생활형	종명
1	정수성	올미
	부엽성	솔잎가래, 남개연
	부유성	분개구리밥
	침수성	민나자스말, 들통발
2~4	정수성	물별, 밭뚝외풀, 꼬마부들, 흑삼릉★, 물질경이, 물꼬챙이골, 마디꽃, 수염가래꽃, 소귀나물, 매자기
	부엽성	물여뀌, 애기마름, 수염마름
	부유성	−
	침수성	낙동나사말, 물질경이, 실말
5~9	정수성	부들, 달뿌리풀, 큰고랭이, 골풀, 뚜껑덩굴, 질경이택사, 고마리, 올방개, 미나리, 송이고랭이, 세모고랭이, 물옥잠
	부엽성	대가래, 애기가래, 새우가래, 네가래, 가시연꽃★, 어리연꽃
	부유성	−
	침수성	통발★, 나자스말
10~19	정수성	창포★, 물달개비, 사마귀풀, 벗풀
	부엽성	가래, 노랑어리연꽃, 자라풀★
	부유성	좀개구리밥
	침수성	나사말, 이삭물수세미
20>	정수성	나도겨풀, 갈대, 애기부들, 줄
	부엽성	마름
	부유성	생이가래, 개구리밥
	침수성	말즘, 검정말, 붕어마름

★ 희귀 및 멸종위기 식물(산림청, 1997)

II 낙동강 수생식물과 분포도

1. *Marsilea quadrifolia* L.
네가래

촬영지 : 경북 영천시 오미동 삼귀지
용　도 : 관상용

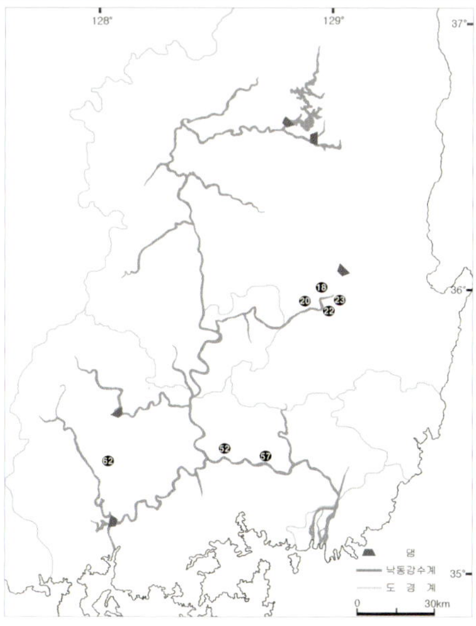

2. *Salvinia natans* (L.) Allioni
생이가래

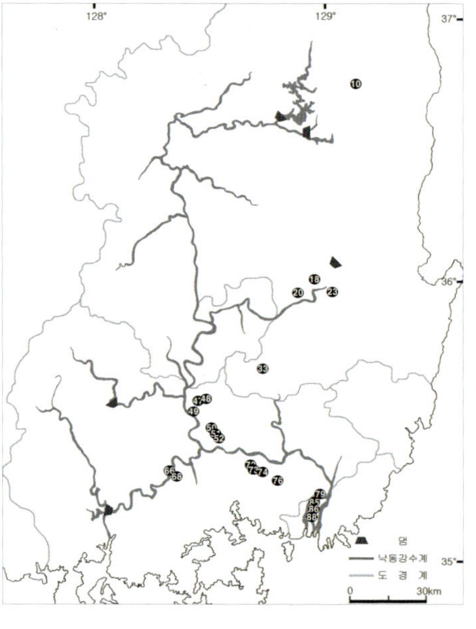

촬영지 : 경남 창원시 동읍 주남저수지
용 도 : 관상용

3. *Typha orientalis* Presl
부들

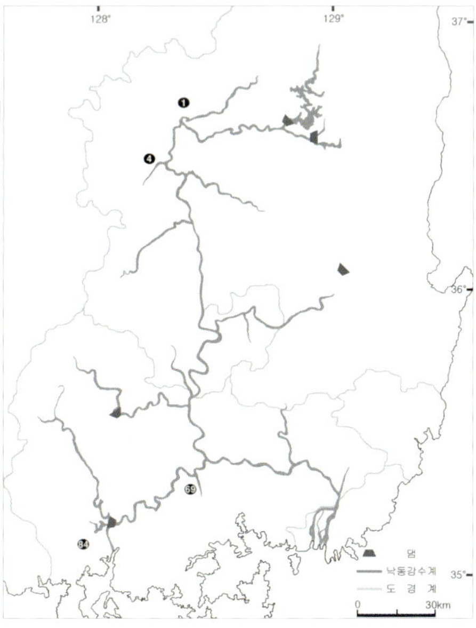

촬영지 : 경북 문경시 산양면 우본리 우본지
용　도 : 관상용

4. ***Typha angustifolia*** **L.**
애기부들

촬영지 : 경북 예천군 풍양면 낙상리 삼청지
용 도 : 관상용, 공예용, 수질정화

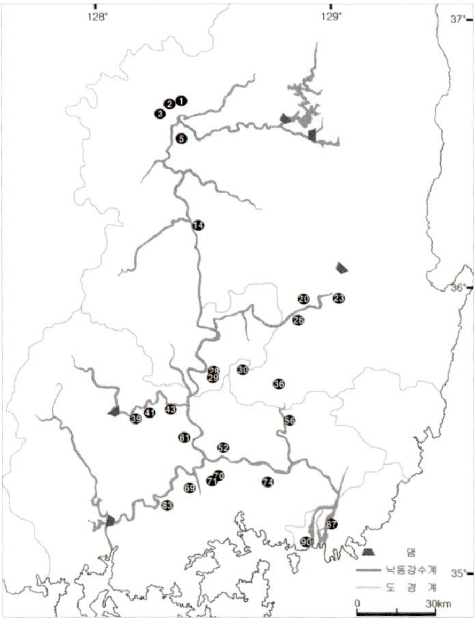

5. *Typha laxmanni* Lepechin
꼬마부들

촬영지 : 경북 문경시 산양면 평지지
용　도 : 관상용

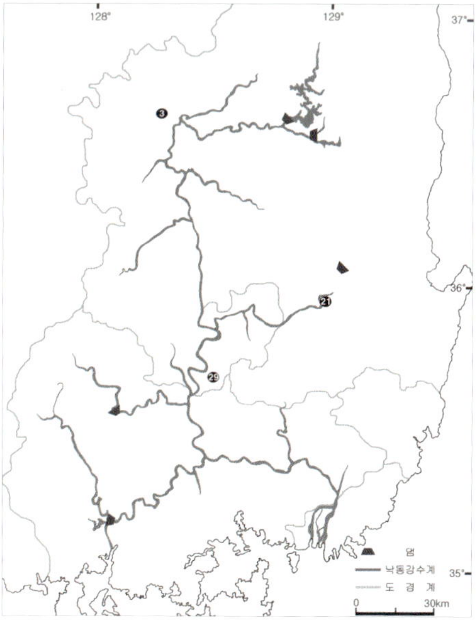

6. ***Sparganium erectum* L.**

흑삼릉 (희귀·멸종위기)

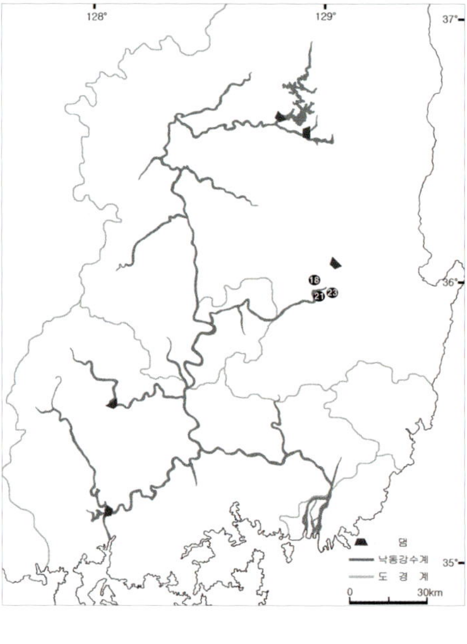

촬영지 : 경북 영천시 범어동 범어제

용 도 : 관상용, 약용

7. ***Potamogeton distinctus*** **A. Benn.**
가래

촬영지 : 경남 김해시 대동면 신안나루터
용　도 : 약용, 수질정화

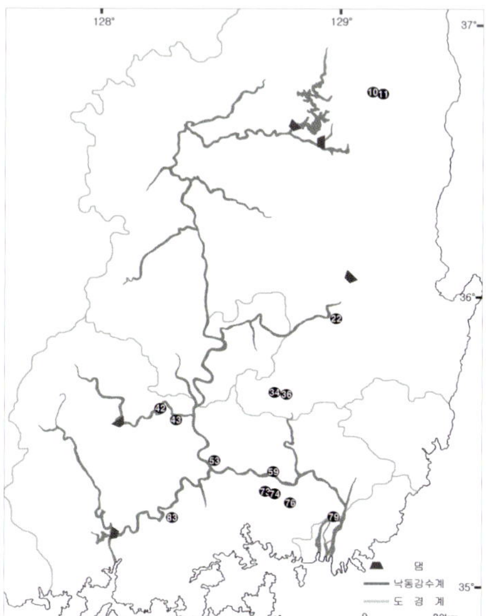

8. *Potamogeton octandrus* Poiret
애기가래

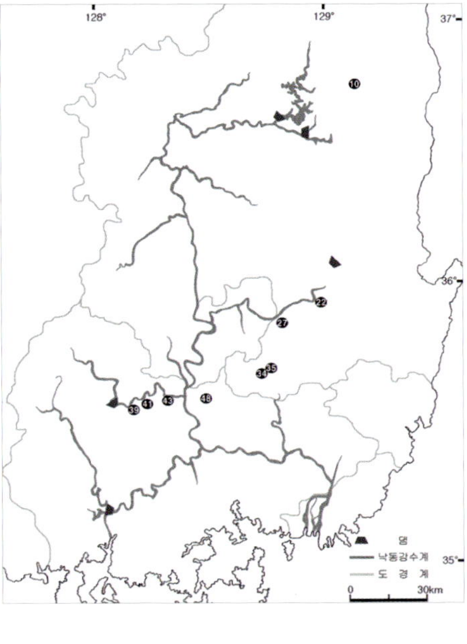

촬영지 : 경남 합천군 적중면 상부리
용　도 : 관상용

9. ***Potamogeton malaianus*** **Miquel**
대가래

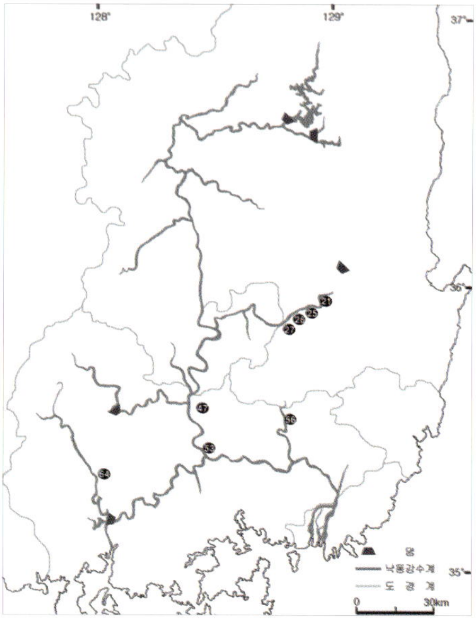

촬영지 : 경남 창녕군 유어면 대대리 우포
용　도 : 관상용

10. ***Potamogeton crispus*** **L.**
말즘

촬영지 : 경남 합천군 합천읍 금양리

용　도 : 관상용, 식용(잎)

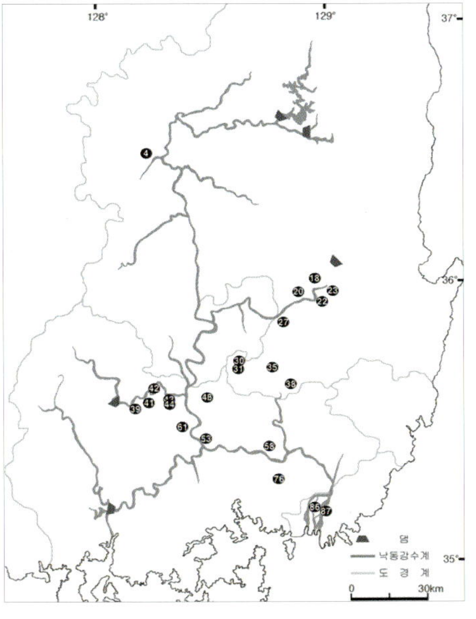

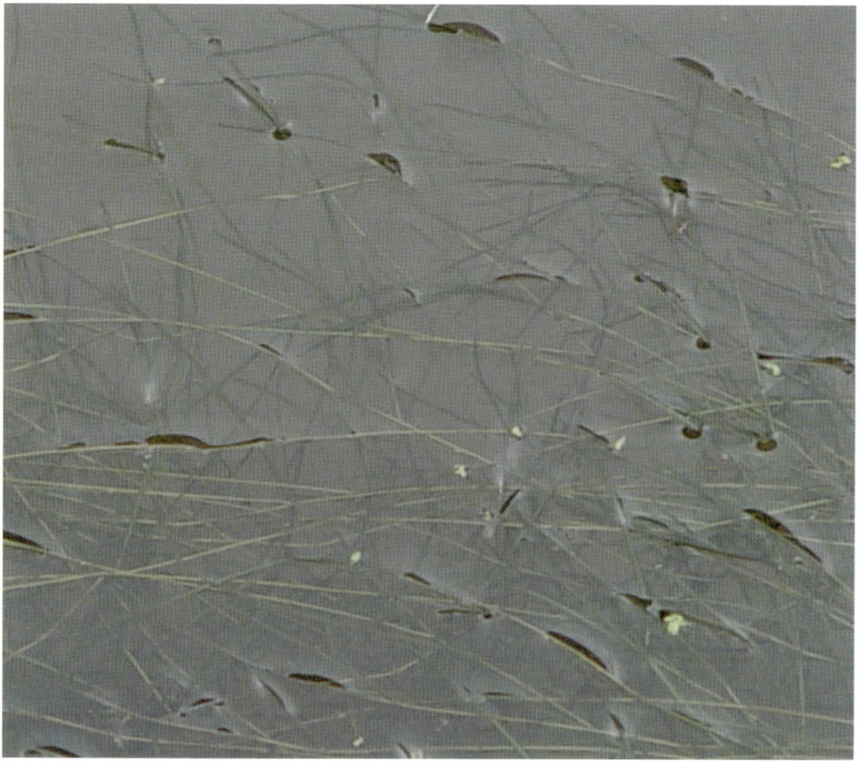

11. *Potamogeton pusillus* L.
실말

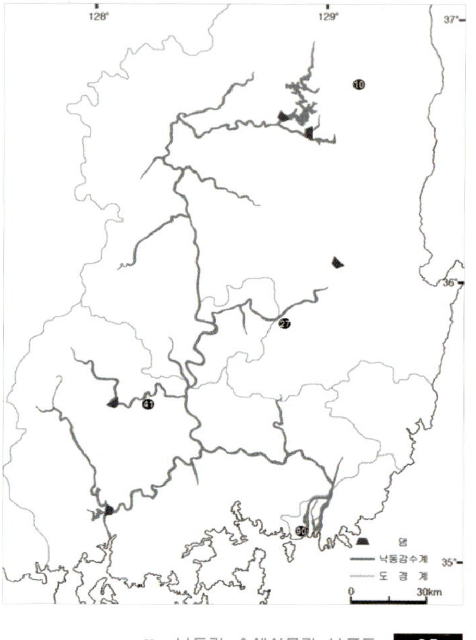

촬영지 : 경북 경산시 압량면 현흥리 연지
용　도 : 관상용

12. *Potamogeton maackianus* A. Benn.

새우가래

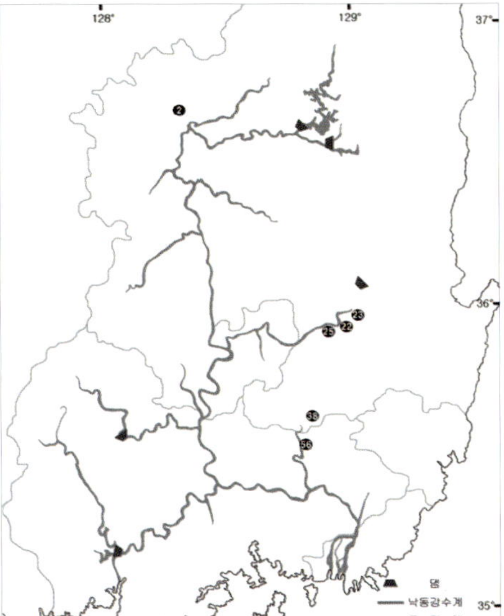

촬영지 : 경북 영천시 본촌동 본촌제

용 도 : 관상용

13. *Potamogeton pectinatus* L.
솔잎가래

촬영지 : 경상남도 김해 수굴 녹단
용 도 : 관상용

14. *Najas marina* L.
민나자스말

촬영지 : 전라남도 고흥군
용　도 : 관상용

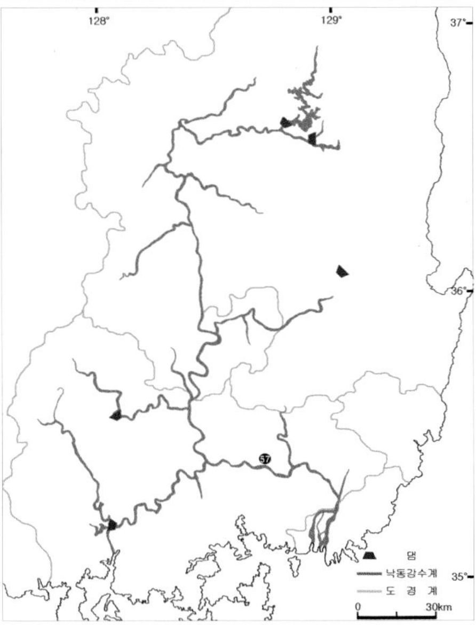

15. *Najas graminea* Delile
나자스말

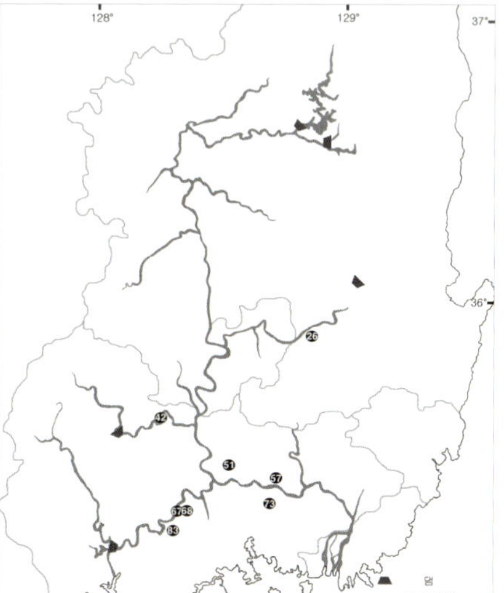

촬영지 : 경남 합천군 합천읍 금양리
용 도 : 관상용

16. *Alisma orientale* (Sammuelon) Juzepczuk
질경이택사

촬영지 : 경북 청도군 화양읍 유등리 노산지
용 도 : 관상용, 수질정화

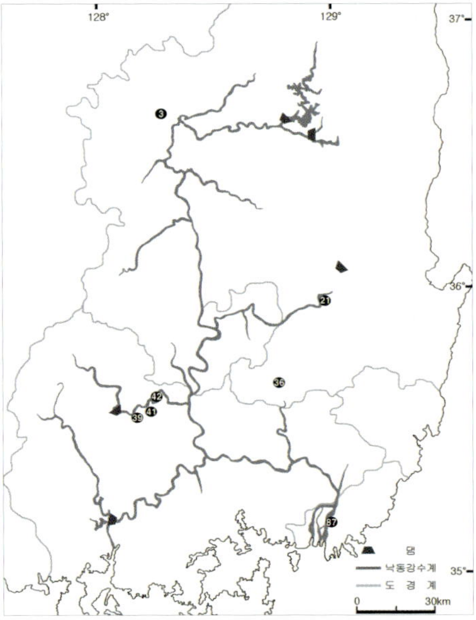

17. ***Sagittaria pygmaea*** **Miquel**
올미

촬영지 : 경상남도 김해
용　도 : 관상용

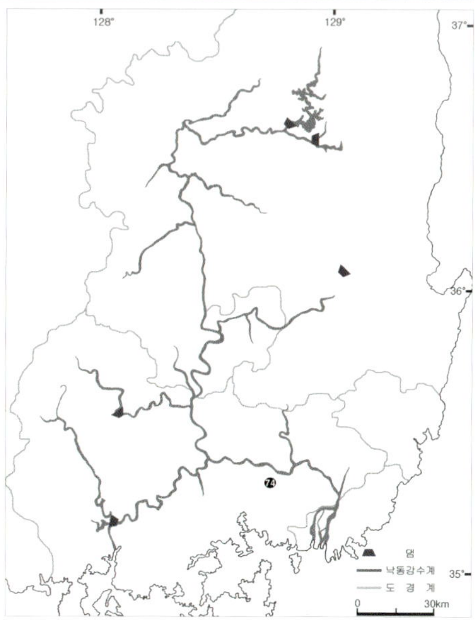

18. *Sagittaria sagittifolia* subsp. *leucopelata* var. *leucopelata* (Miquel) Hartog
벗풀

촬영지 : 경북 문경시 산양면 평지지
용 도 : 관상용

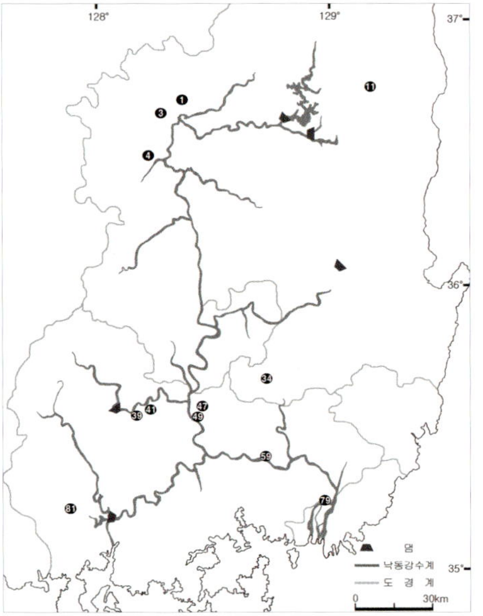

19. ***Sagittaria sagittifolia*** **subsp.** ***leucopelata*** **var.** ***edulis*** **(Schlecht) Rataj**
소귀나물

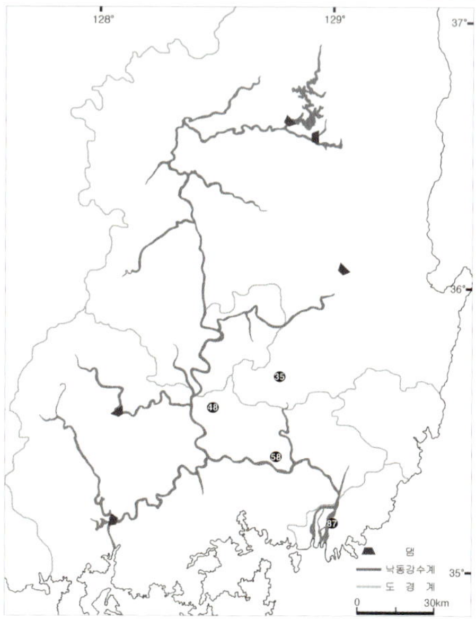

촬영지 : 부산 강서구 삼락동
용 도 : 관상용, 약용, 식용

20. *Vallisneria natans* (Lour.) Hara
나사말

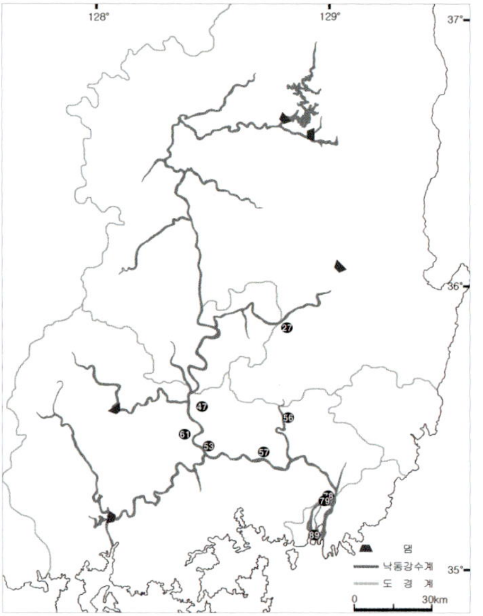

촬영지 : 경남 김해시 대동면 예안리
용　도 : 관상용, 식용(잎)

21. *Vallisneria spinulosa* S.-Z. Yan 낙동나사말

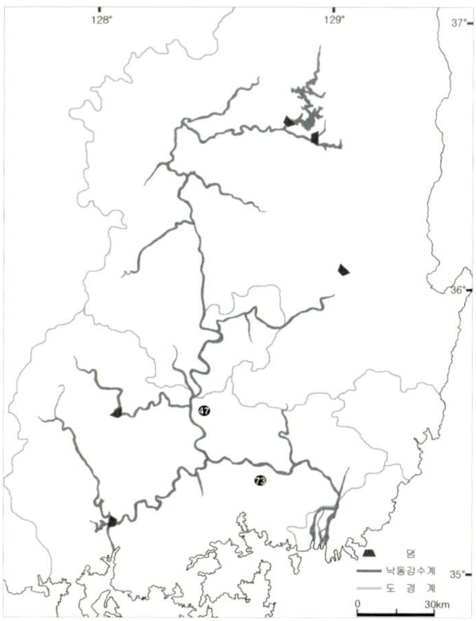

촬영지 : 경상남도 창녕 우포늪
용　도 : 관상용

22. *Hydrilla verticillata* (L. fil.) Royle
검정말

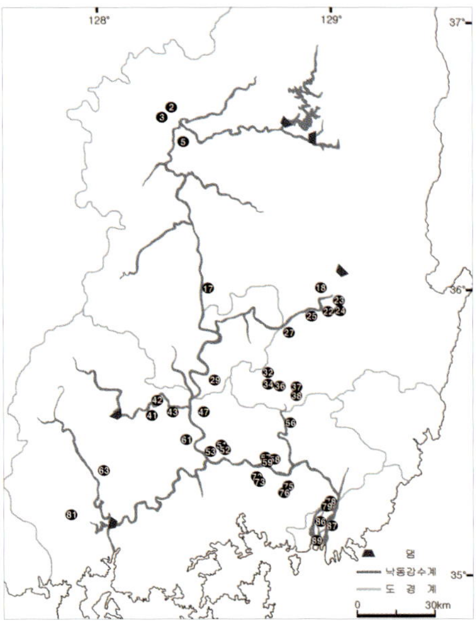

촬영지 : 경북 문경시 산양면 존도리 금천
용　도 : 관상용

23. *Ottelia alismoides* (L.) Person
물질경이

촬영지 : 경남 합천군 적중면 황정리
용　도 : 관상용

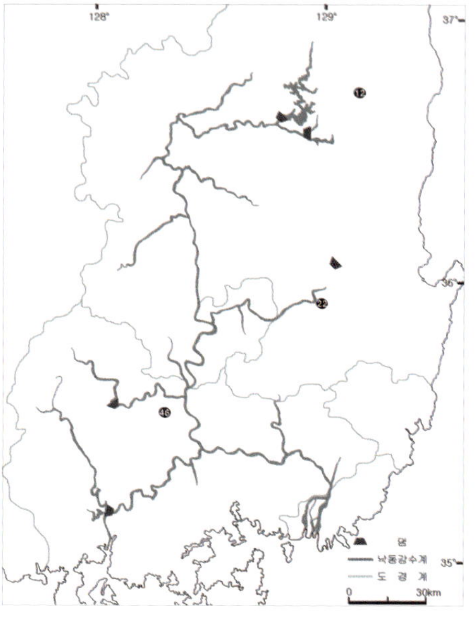

24. *Hydrocharis dubia* (Blume) Backer
자라풀 (희귀·멸종위기)

촬영지 : 부산 강서구 삼락동
용 도 : 관상용

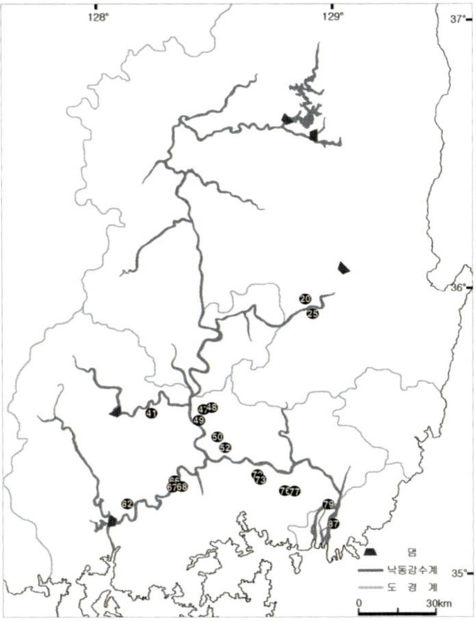

25. *Leersia japonica* Makino
나도겨풀

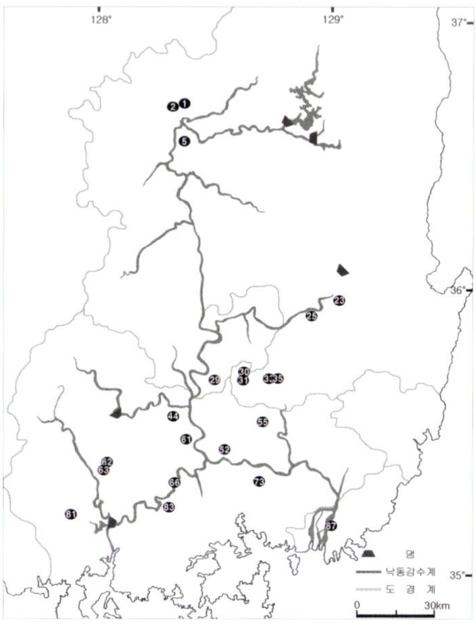

촬영지 : 경남 합천군 적중면 양림리 하장림지

용 도 : 관상용

26. *Zizania latifolia* Turcz.
줄

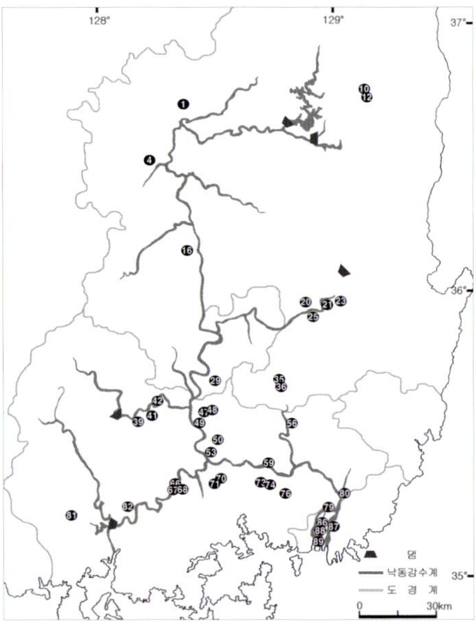

촬영지 : 경북 영천시 범어동 범어제
용 도 : 수질정화, 습지조성, 식용 (종자, 근경)

27. *Phragmites australis* (Cav.) Trin ex Steud.
갈대

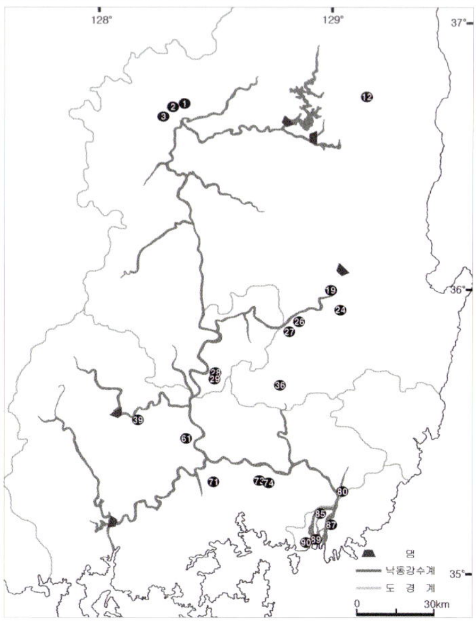

촬영지 : 경북 문경시 산양면 존도리 금천
용　도 : 수질정화, 습지조성, 공예용

28. ***Phragmites japonica*** **Steud.**
달뿌리풀

촬영지 : 경북 청도군 화양읍 유등리 노산지
용　도 : 관상용

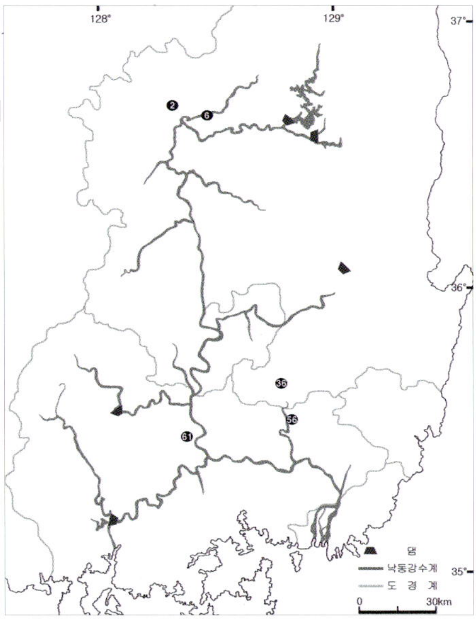

29. *Eleocharis kuroguwai* Ohwi
올방개

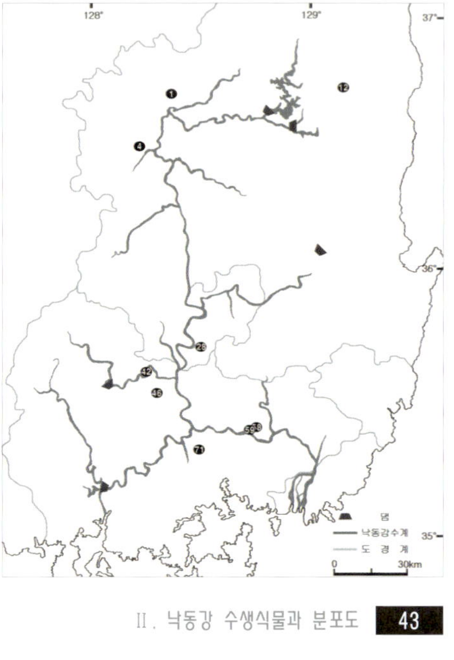

촬영지 : 경남 합천군 적중면 황정리
용 도 : 관상용, 식용

30. *Eleocharis mamillata* var. *cyclocarpa* Kitagawa
물꼬챙이골

촬영지 : 경남 함안 대산면
용　도 : 관상용, 수질정화용

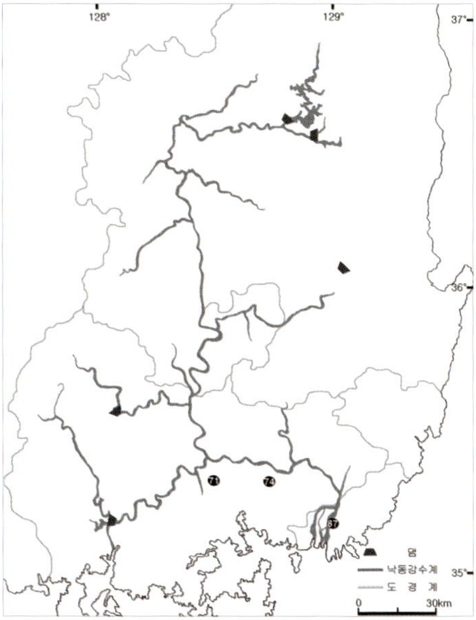

31. *Bolboschoenus maritimus* (L.) Palla
매자기

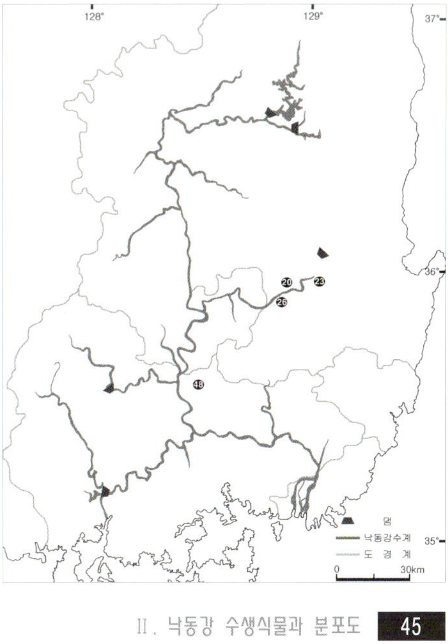

촬영지 : 경북 영천시 범어동 범어제
용 도 : 관상용, 수질정화

32. *Schoenoplectiella triangulata* (Roxb.) J. Jung and H.-K. Choi
송이고랭이

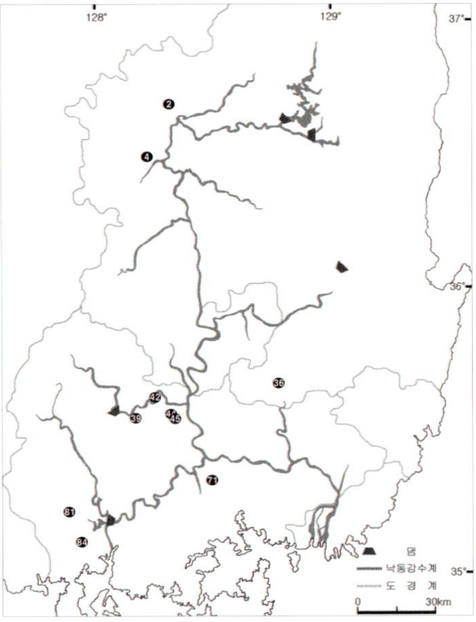

촬영지 : 경북 문경시 산양면 존도리 금천

용　도 : 관상용

33. *Schoenoplectus triqueter* (L.) Palla
세모고랭이

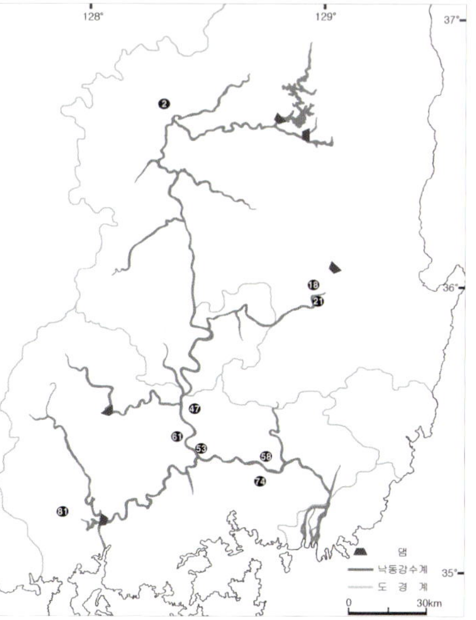

촬영지 : 경북 문경시 산양면 존도리 금천
용　도 : 관상용

34. *Schoenoplectus tabernaemontani* (C.C.Gmel.) Palla
큰고랭이

촬영지 : 경남 함안군 법수면
용　도 : 관상용, 하천복원용

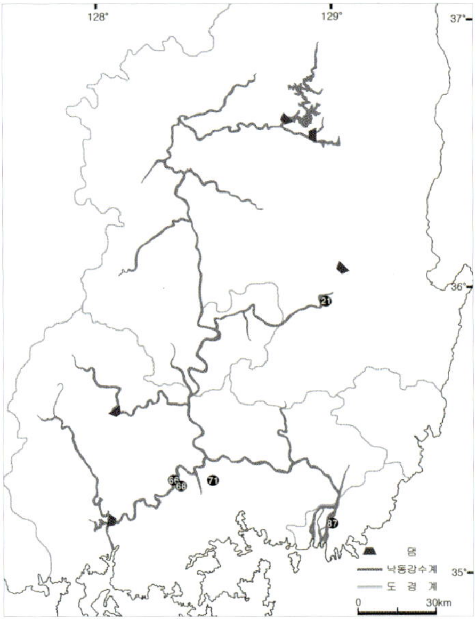

35. *Acorus calamus* var. *angustatus* Besser

창포 (희귀 · 멸종위기)

촬영지 : 경남 함안군 법수면 대평늪

용　도 : 수질정화, 약용, 향료

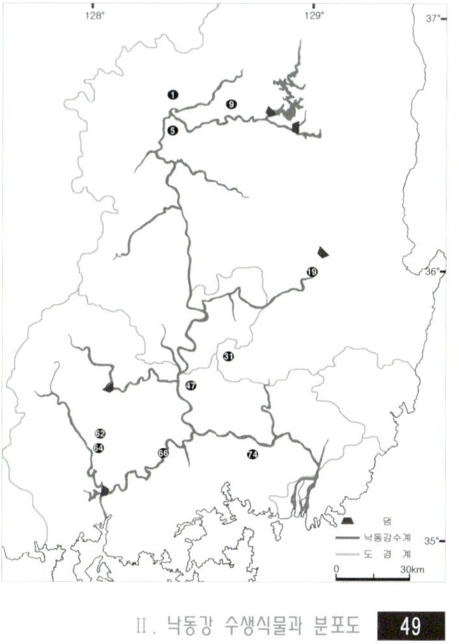

36. ***Spirodela polyrhiza*** **(L.) Schleiden**

개구리밥

촬영지 : 경남 창녕군 유어면 대대리 우포

용 도 : 관상용

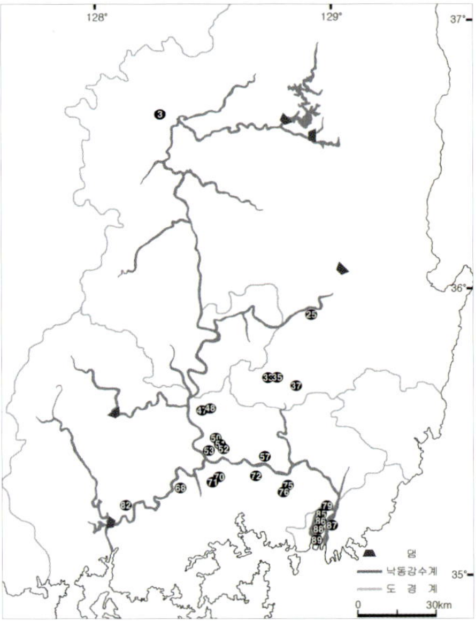

37. *Lemna minor* L. (*s.l.*)

좀개구리밥

촬영지 : 경북 안동시 풍산읍 소산리 소산지

용 도 : 관상용

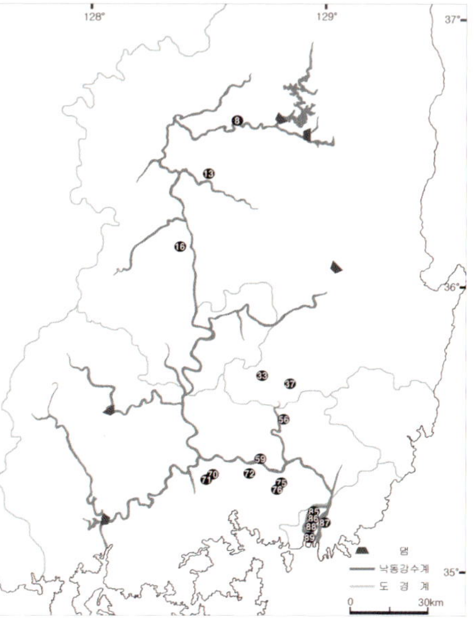

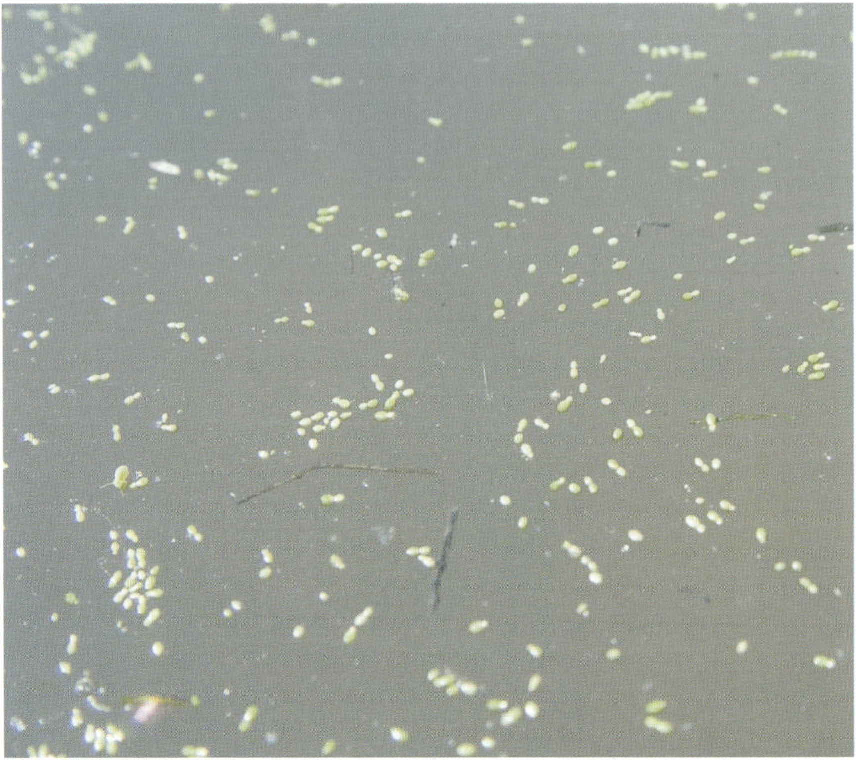

38. *Wolffia arrhiza* (L.) Kurz.
분개구리밥

촬영지 : 경남 창원시 동읍 주남저수지
용　도 : 관상용

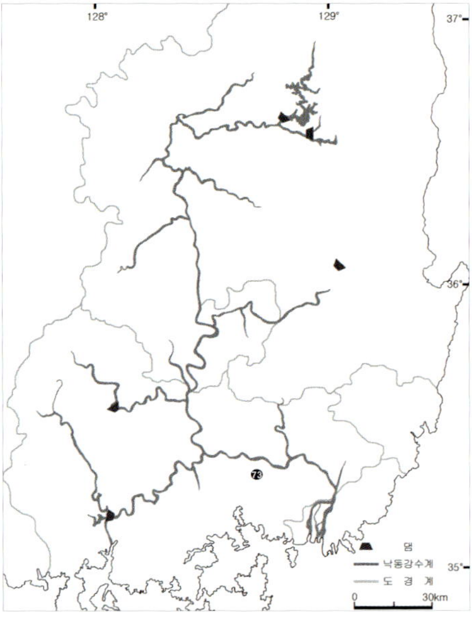

39. *Murdannia keisak* (Hassk.) Hand.-Mazz.
사마귀풀

촬영지 : 경남 창녕군 대합면 주매리 사지포
용 도 : 관상용

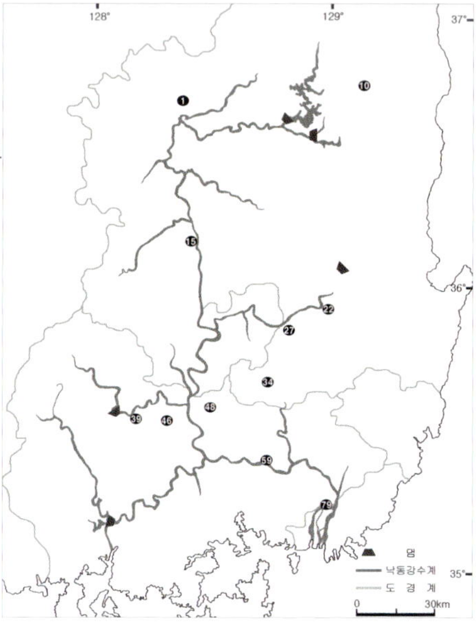

40. *Monochoria korsakowi* Regel et Maack
물옥잠

촬영지 : 경남 김해시 대동면 예안리
용　도 : 관상용, 수질정화

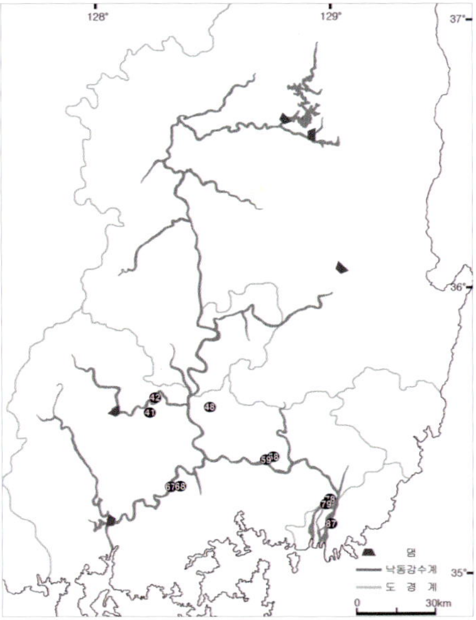

41. ***Monochoria vaginalis*** **var.** ***plantaginea*** **(Rixburgh) Solms-Laubach**
물달개비

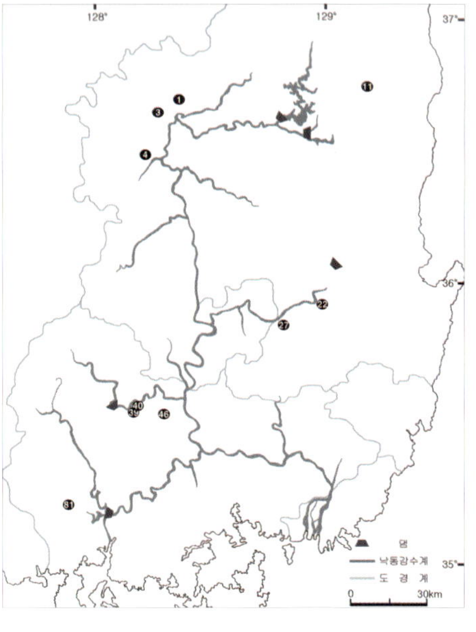

촬영지 : 경남 합천군 적중면 황정리
용　도 : 관상용

42. ***Juncus effusus*** **var.** ***decipiens*** **Buchen.**

골풀

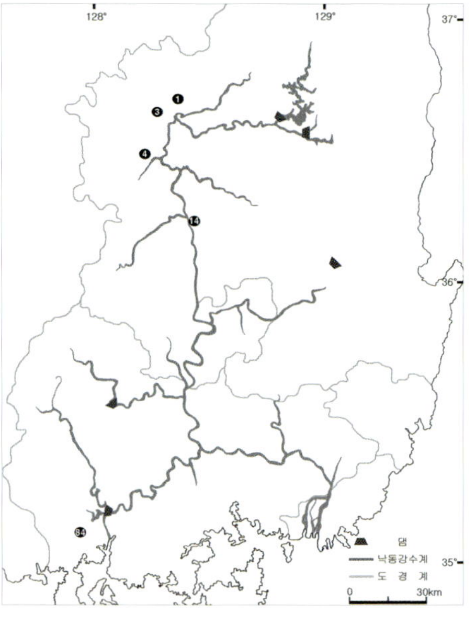

촬영지 : 경북 문경시 산양면 우본리 우본지
용 도 : 약용, 공예용

43. *Polygonum thunbergii* Sieb. et Zucc.
고마리

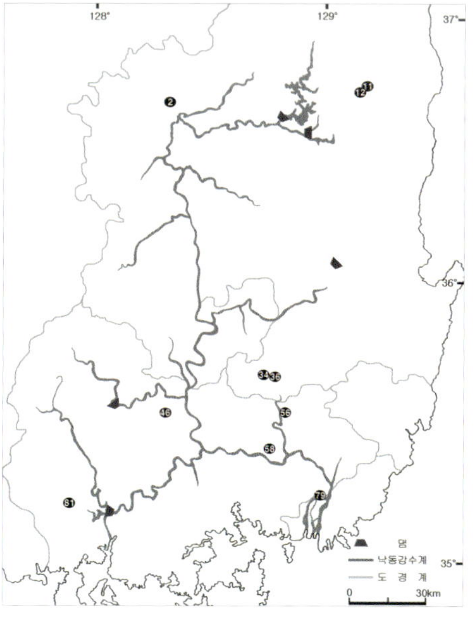

촬영지 : 경북 청도군 이서면 학산리
용 도 : 관상용

44. *Persicaria amphibia* (L.) S. F. Gray

물여뀌

촬영지 : 경북 구미시 해평면 창림리 창림지

용　도 : 관상용

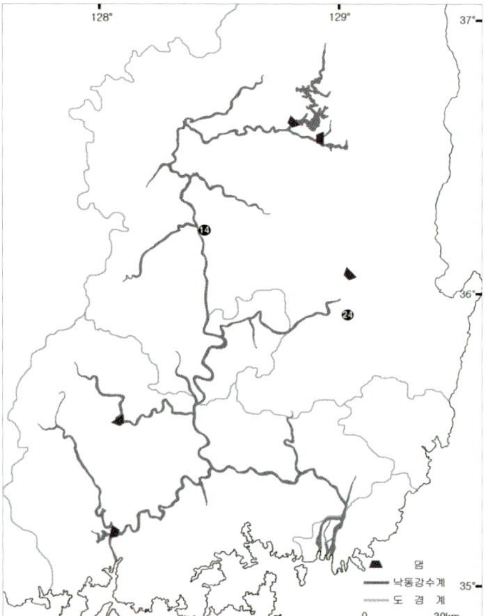

45. *Nuphar pumilum* var. *ozeense* (Miki) Hara
남개연

촬영지 : 경북 구미시 지산동 지산늪
용 도 : 관상용

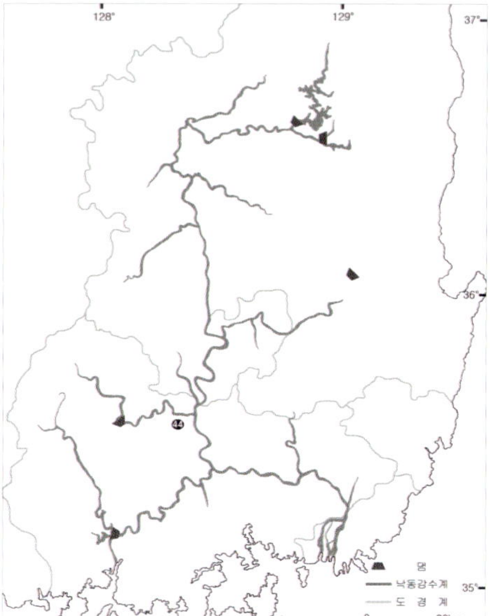

46. ***Euryale ferox*** **Salisb.**
가시연꽃 (희귀·멸종위기)

촬영지 : 경남 창녕군 대합면 주매리 사지포
용　도 : 관상용, 약용

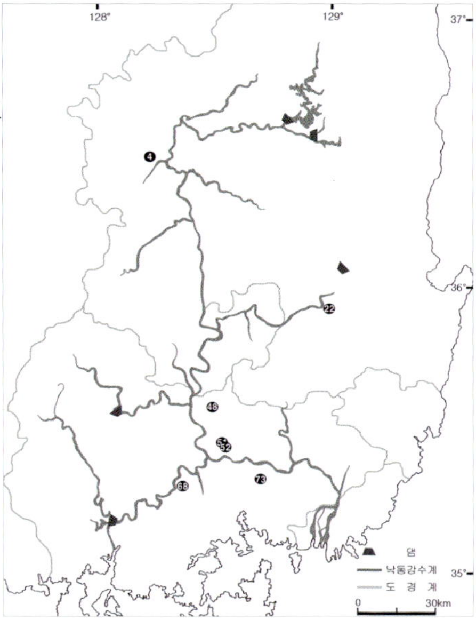

47. *Nelumbo nucifera* Gaertn.
연꽃

촬영지 : 경남 합천군 용주면 성산리 제기동
용　도 : 관상용, 식용(근경)

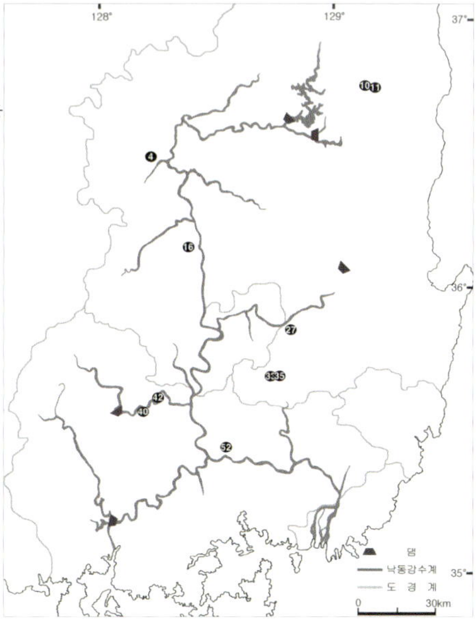

48. *Ceratophyllum demersum* L.
붕어마름

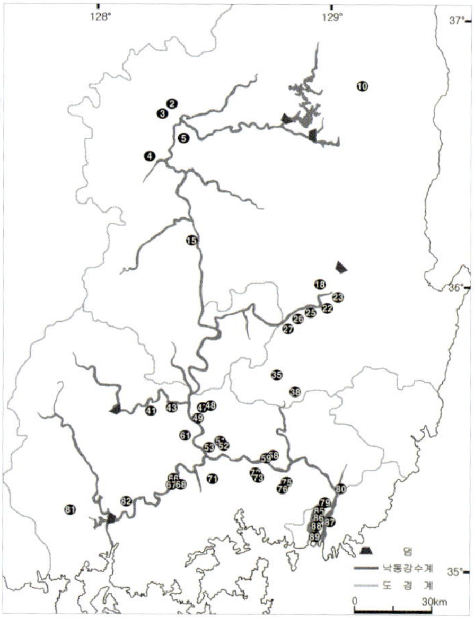

촬영지 : 경북 영천시 금호읍 오계리 대승제
용 도 : 관상용

49. *Elatine triandra* Schk.
물별

촬영지 : 경남 창원시 동읍 주남저수지
용 도 : 관상용

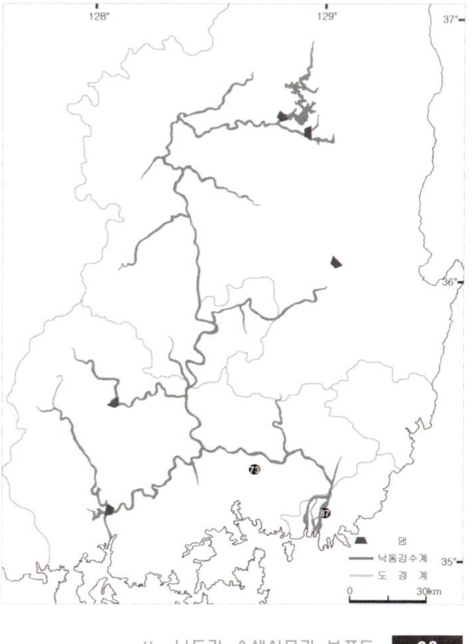

50. ***Rotala indica*** **(Willd.) Koehne**
마디꽃

촬영지 : 경남 창녕군 계성면 번개늪
용　도 : 관상용

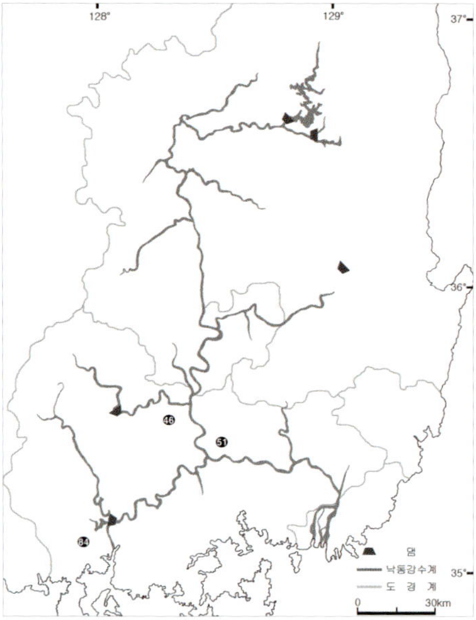

51. *Trapa japonica* Flerov
마름

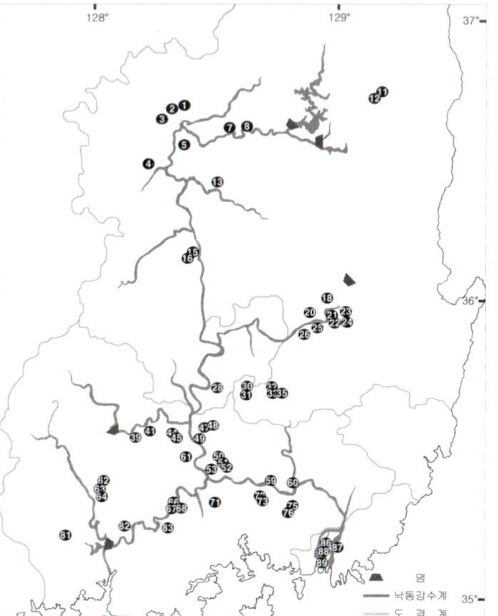

촬영지: 경남 합천군 적중면 양림리 하장림지
용　도 : 관상용, 식용(열매)

52. *Trapa incisa* Siebold et Zuccarini
애기마름

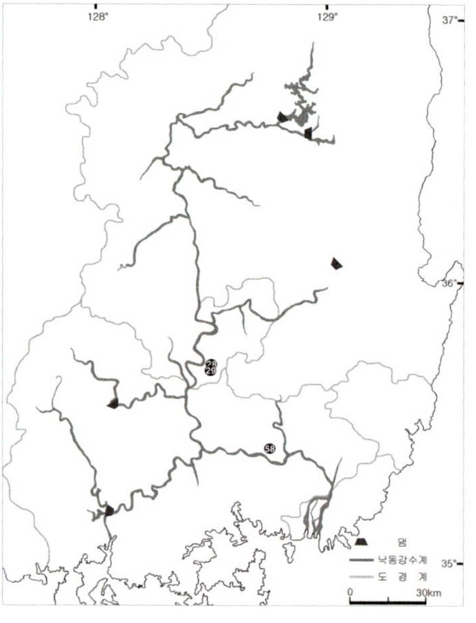

촬영지 :경남 밀양시 초동면 검암리

용 도 : 관상용, 수질정화

53. *Myriophylum spicatum* L.
이삭물수세미

촬영지 : 대구 달성군 유가면 기산지
용　도 : 관상용

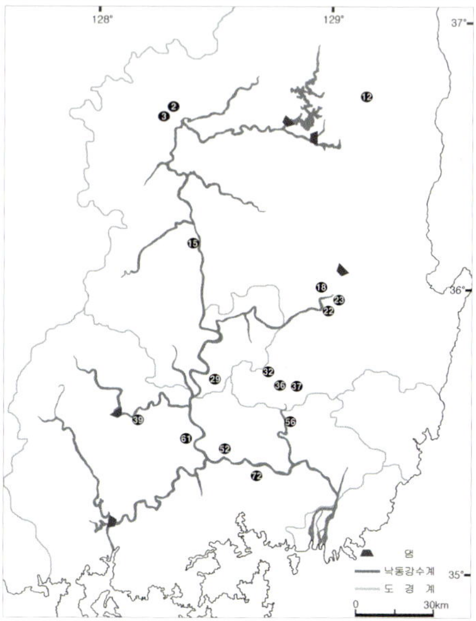

54. *Oenanthe javanica* (Blume) DC.
미나리

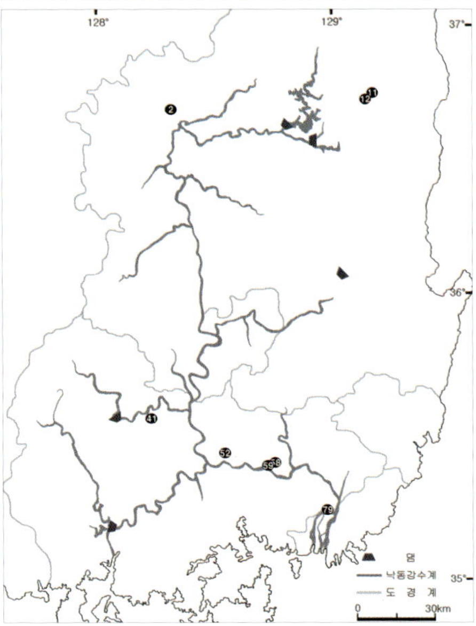

촬영지 : 경북 영양읍 삼지리 바대못
용 도 : 관상용, 수질정화, 식용(잎, 줄기)

55. *Nymphoides peltata* (Gmelin) O. Kuntze
노랑어리연꽃

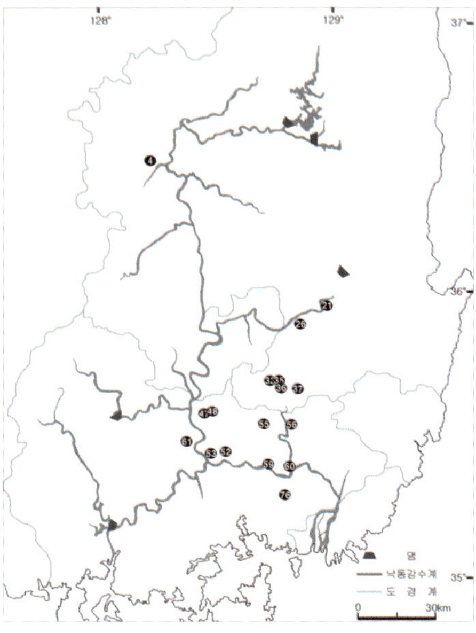

촬영지 : 경남 창녕군 영산면 장척지
용　도 : 관상용

56. *Nymphoides indica* (L.)
O. Kuntze
어리연꽃

촬영지 : 경남 창원시 동읍 주남저수지
용 도 : 관상용

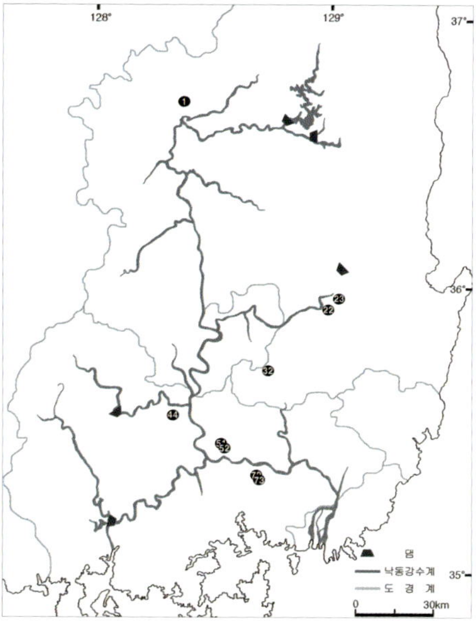

57. *Lindernia procumbens* (Krocker) Philcox
밭뚝외풀

촬영지 : 경북 문경시 산양면 평지지
용　도 : 관상용, 잡초

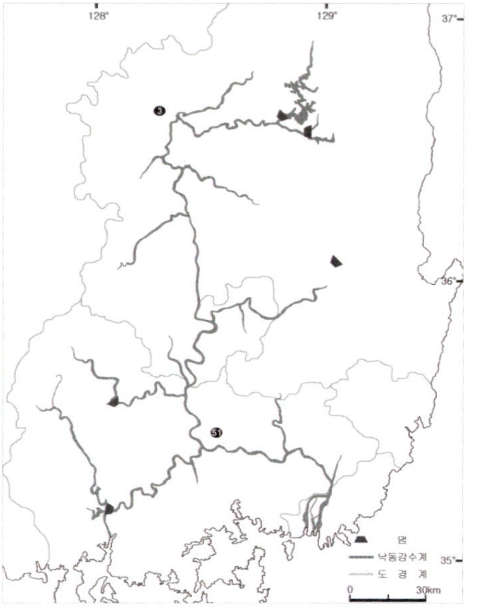

58. *Actionostemma lobatum* Max.
뚜껑덩굴

촬영지 : 경남 합천군 대양면 정양리 정양지
용　도 : 관상용, 잡초

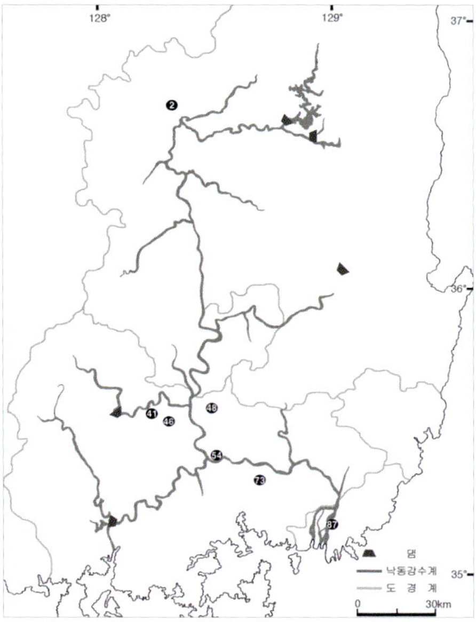

59. ***Trapella sinensis*** **var. *antennifera*** **(Lev.) Hara**
수염마름

촬영지 : 경남 창녕군 남지읍 성사리 성사교
용　도 : 관상용

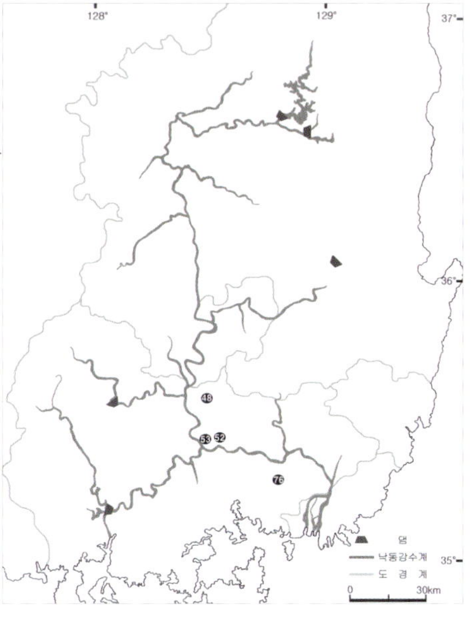

60. *Utricularia pilosa* (Makino) Makino
들통발

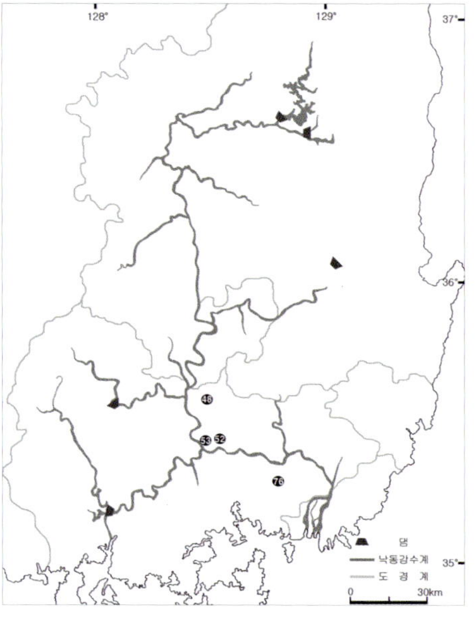

촬영지 : 강원도 양양군 오산리
용　도 : 관상용, 식충식물

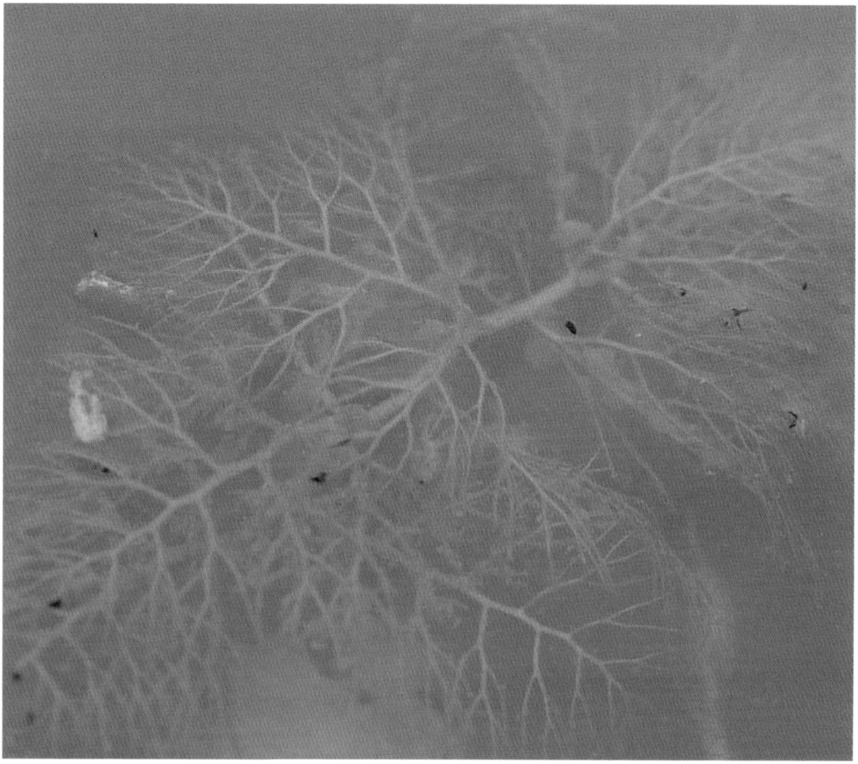

61. ***Utricularia vulgaris*** **var.** ***japonica*** **L.**
통발

촬영지 : 경북 영양읍 삼지리 탑밑못
용 도 : 관상용

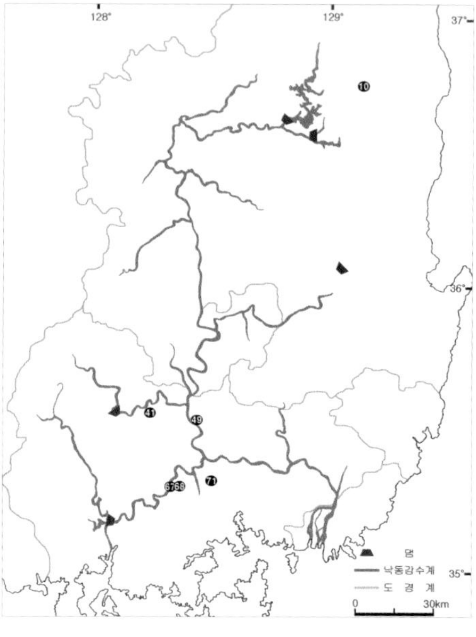

62. *Lobelia chinensis* Loureiro
수염가래꽃

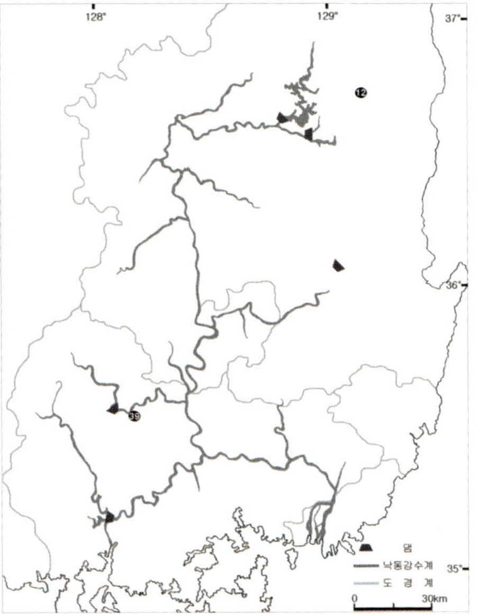

촬영지 : 경북 영양군 영양읍 삼지리 바대못
용　도 : 관상용

III 수생식물 목록

Masileaceae (네가래과)

1. *Marsilea quadrifolia* L. 네가래

경북 영천시 오미동 삼귀지(A20040916), 경북 영천시 청통면 대평리 풍락제(A20040720), 경북 영천시 본촌동 본촌제(A20040722; A20041014), 경북 영천시 범어동 범어제(A20040722), 경남 창녕군 영산면 장척지(S20040623; S20040924), 경남 밀양시 초동면 초동지(S20040728), 경남 산청군 신등면 골담 사정저수지(S20040706)

Salviniaceae (생이가래과)

2. *Salvinia natans* (L.) Allioni 생이가래

경북 영양군 영양읍 삼지리 탑밑못(A20040923), 경북 영천시 범어동 범어제(A20040722), 경북 영천시 청통면 대평리 풍락제(A20040723), 경북 영천시 오미동 삼귀지(A20040916), 경북 청도군 이서면 양원리 상당마을(S20040727), 경남 창녕군 유어면 대대리 우포(A20040809*; A20040915*), 경남 창녕군 대합면 주매리 사지포(A20040622; S20040622), 경남 창녕군 유어면 미구리 팔락늪(S20040622), 경남 창녕군 계성면 번개늪(S20040623; S20040924), 경남 창녕군 남지읍 신전저수지(S20041014), 경남 창녕군 영산면 장척지(S20040623), 경남 창녕군 장마면 유동지(S20040623), 경남 함안군 법수면 대평늪(S20040624), 경남 함안군 법수면 질날벌(S20040924), 경남 창원시 동읍 주남저수지(S20041002*), 경남 창원시 동읍 동판저수지(S20041014), 경남 창원시 동읍 산남저수지(S20040729), 경남 김해시 한림면 봉화마을(S20040728), 경남 김해시 대동면 신안나루터(S20041001), 부산 강서구 강동동 평강천 중류(S20040809), 부산 강서구 강동동 시만교(S20040810), 부산 강서구 강동동 평강교(S20040810)

3. *Typha orientalis* Presl 부들

경북 문경시 산양면 우본리 우본지(A20040724; A20041014), 경북 상주시 초산동 중덕지(A20041022), 경남 함안군 법수면 법수늪(S20041015), 경남 사천시 곤명면 정곡리(S20040924)

4. *Typha angustifolia* L. 애기부들

경북 문경시 산양면 우본리 우본지(A20041014*), 경북 문경시 산양면 존도리 금천(A20041014*), 경북 문경시 산양면 평지지(A20040724), 경북 예천군 풍양면 낙상리 삼청지(A20040810), 경북 구미시 해평면 창림리 창림지(A20040723), 경북 영천시 청통면 대평리 풍락제(A20040723*), 경북 영천시 범어동 범어제(A20040722*), 경북 경산시 진량읍 내리리 문천지(A20040623), 대구 달성군 유가면 황지(A20041013*), 대구 달성군 유가면 기산지(A20040915*), 경북 청도군 각북면 덕촌리 덕산초등학교(S20040727), 경북 청도군 화양읍 유등리 노산지(A20040922), 경남 합천군 대양면 정양리 정양지(A20040623), 경남 합천군 용주면 손목리 박실지(A20040623*), 경남 합천군 적중면 상부리 소바우못(A20040915), 경남 창녕군 영산면 장척지(S20040623), 경남 밀양시 상동면 안인리 안인제(S20040728), 경남 의령군 부림면 입산리 유곡천(S20041015), 경남 함안군 대산면 대치리 모시벌(S20040623), 경남 함안군 대산면 항아골늪(S20040623; S20041014), 경남 함안군 법수면 법수늪(S20041015), 경남 창원시 동읍 동판저수지(S20041014*), 경남 진주시 지수면 청담리 들말인근(S20041015), 부산 강서구 화전동 녹산제방(S20041014), 부산 강서구 삼락동 낙동강 고수부지(S20040809; S20041014)

5. *Typha laxmanni* Lepechin 꼬마부들

경북 문경시 산양면 평지지(A20041014*), 경북 영천시 봉동(A20040723), 대구 달성군 유가면 기산지(A20041013*)

Sparganiaceae (흑삼릉과)

6. *Sparganium erectum* L. 흑삼릉

경북 영천시 오미동 삼귀지(A20040916), 경북 영천시 봉동(A20041014), 경북 영천시 범어동 범어제(A20040722)

Potamogetonaceae (가래과)

7. *Potamogeton distinctus* A. Benn. 가래

경북 영양읍 삼지리 탑밑못(A20040923), 경북 영양읍 삼지리 원댕이못(A20040923*), 경북 영천시 본촌동 본촌제(A20041014), 경북 청도군 이서면 학산리(A20040922*), 경북 청도군 화양읍 유등리 노산지(A20040922), 경남 합천군 적중면 상부리(A20040915), 경남 합천군 합천읍 금양리 금양삼거리(A20041013*), 경남 창녕군 남지읍 성사리 성사교(S20041014), 경남 밀양시 초동면 신호리(S20041014), 경남 창원시 동읍 주남저수지(S20041002), 경남 창원시 동읍 동판저수지(S20041014*), 경남 김해시 한림면 봉화마을(S20040728; S20041002), 경남 김해시 대동면 신안나루터(S20040810), 경남 진주시 지수면 청담리 들말(S20041015)

8. *Potamogeton octandrus* Poiret 애기가래

경북 영양군 영양읍 삼지리 탑밑못(A20040923), 경북 영천시 본촌동 본촌제(A20040722), 경북 경산시 압량면 현흥리 연지(A20040810; A20040916), 경북 청도군 이서면 학산리(A20040922), 경북 청도군 화양읍 군자정(A20040922), 경남 합천군 대양면 정양리 정양지(A20040623), 경남 합천군 용주면 손목리 박실지(A20040623), 경남 합천군 적중면 상부리(A20040915), 경남 창녕군 대합면 주매리 사지포(S20040622)

9. *Potamogeton malaianus* Miquel 대가래

경북 영천시 금호읍 오계리 대승제(A20040810), 경북 영천시 봉동(A20041014),

경북 경산시 진량읍 내리리 문천지(A20040810), 경북 경산시 압량면 현흥리 연지(A20040916; A20041022), 경남 창녕군 유어면 대대리 우포(A20040922; A20041013), 경남 창녕군 남지읍 성사리 성사교(S20041014), 경남 산청군 생비량면 소이리 소이교(S20040706), 경남 밀양시 상동면 안인리 안인제(S20041015)

10. *Potamogeton crispus* L. 말즘

경북 상주시 초산동 중덕지(A20040623*), 경북 영천시 오미동 삼귀지(A20040916), 경북 영천시 청통면 대평리 풍락제(A20040723), 경북 영천시 범어동 범어제(A20040722*), 경북 영천시 본촌동 본촌제(A20040722*), 경북 경산시 압량면 현흥리 연지(A20040916), 경북 청도군 각북면 덕촌리 덕산초등학교(S20040727), 경북 청도군 매전면 지전리 동산마을(S20040728), 경북 청도군 풍각면 차산리 청석지(S20040727), 경북 청도군 화양읍 토평리 군자정(A20040922), 경남 합천군 대양면 정양리 정양지(A20040623), 경남 합천군 용주면 손목리 박실지(A20040623), 경남 합천군 적중면 양림리 하장림지(A20040809), 경남 합천군 적중면 상부리(A20040915), 경남 합천군 합천읍 금양리 금양삼거리(A20040915), 경남 창녕군 대합면 주매리 사지포(A20040622), 경남 창녕군 남지읍 성사리 성사교(S20041014), 경남 밀양시 초동면 검암리(A20041021*), 경남 의령군 부림면 입산리 유곡천(S20041015), 경남 김해시 한림면 봉화마을(S20040728; S20041002), 부산 강서구 강동동 평강교(S20040810), 부산 강서구 삼락동 낙동강 고수부지(S20041014)

11. *Potamogeton pusillus* L. 실말

경북 영양읍 삼지리 탑밑못(A20040923*), 경북 경산시 압량면 현흥리 연지(A20040810), 경남 합천군 대양면 정양리 정양지(A20040623*), 부산 강서구 화전동 녹산제방(S20040809*)

12. *Potamogeton maackianus* A. Benn. 새우가래

경북 문경시 산양면 존도리 금천(A20040916), 경북 영천시 본촌동 본촌제(A20040722), 경북 영천시 금호읍 오계리 대승제(A20040810), 경북 영천시 범어동 범어제(A20040722), 경북 청도군 매전면 지전리 동산마을(S20040728), 경남 밀양시 상동면 안인리 안인제(S20040728)

13. *Potamogeton pectinatus* L. 솔잎가래

부산 강서구 화전동 녹산제방(S20040809)

Najadaceae (나자스말과)

14. *Najas marina* L. 민나자스말

경남 밀양시 초동면 초동지(S20040728)

15. *Najas graminea* Delile 나자스말

경북 경산시 진량읍 내리리 문천지(A20040623*), 경남 합천군 합천읍 금양리 금양삼거리(A20040915), 경남 창녕군 계성면 번개늪(S20040623), 경남 밀양시 초동면 초동지(S20040728), 경남 함안군 법수면 질날벌(S20040624; S20040924), 경남 함안군 법수면 황사리 황사(S20040924), 경남 창원시 동읍 주남저수지(S20040729), 경남 진주시 지수면 청담리 들말 인근(S20041015*), 부산 강서구 명지동(S20040809)

Alismataceae (택사과)

16. *Alisma orientale* (Sammelon) Juzepczuk 질경이택사

경북 문경시 산양면 평지지(A20041014), 경북 영천시 봉동(A20040723), 경북 청도군 화양읍 유등리 노산지(A20040922), 경남 합천군 대양면 정양리 정양지(A20040623*), 경남 합천군 용주면 손목리 박실지(A20040623*), 경남 합천군 합천읍 금양리 금양삼거리(A20041013*), 부산 강서구 삼락동 낙동강 고수부지(S20041014)

17. *Sagittaria pygmaea* Miquel 올미

경남 창원시 동읍 동판저수지(S20041014)

18. *Sagittaria sagittifolia* subsp. *leucopelata* var. *leucopelata* (Miquel) Hartog 벗풀

경북 문경시 산양면 우본리 우본지(A20040724*), 경북 문경시 산양면 평지지(A20040724; A20041014), 경북 상주시 초산동 중덕지(A20040623; A20041022), 경북 영양읍 삼지리 원댕이못(A20040923), 경북 청도군 이서면 학산리(A20040922), 경남 합천군 대양면 정양리 정양지(A20040623), 경남 합천군 용주면 손목리 박실지(A20040623; A20040809), 경남 창녕군 유어면 대대리 우포(A20040915), 경남 창녕군 유어면 미구리 팔락늪(A20040622*), 경남 밀양시 초동면 신호리(S20041014), 경남 김해시 대동면 신안나루터(S20041001*), 경남 진주시 옥종면 문암교(S20040925)

19. *Sagittaria sagittifolia* subsp. *leucopelata* var. *edulis* (Schlecht) Rataj 소귀나물

경북 청도군 화양읍 토평리 군자정(S20040727), 경남 창녕군 대합면 주매리 사지포(S20040622; A20040915), 경남 밀양시 초동면 검암리(A20041021), 부산 강서구 삼락동 낙동강 고수부지(S20040809; S20041014)

Hydrocharitaceae (자라풀과)

20. *Vallisneria asiatica* Miki 나사말

경북 경산시 압량면 현흥리 연지(A20040916), 경남 창녕군 유어면 대대리 우포(A20040921), 경남 창녕군 남지읍 성사리 성사교(S20041014), 경남 밀양시 상동면 안인리 안인제(S20040728*), 경남 밀양시 초동면 초동지(S20040728), 경남 의령군 부림면 입산리 유곡천(S20041015), 경남 창원시 동읍 주남저수지(S20040729; S20041002), 경남 김해시 대동면 신안나루터(S20041001), 경남 김해시 대동면 예안리(A20040921*), 부산 강서구 명지동(S20040809)

21. *Vallisneria spinulosa* S.-Z. Yan 낙동나사말

경남 창녕군 유어면 대대리 우포(A20041013), 경남 창원시 동읍 주남저수지(A200400921*)

22. *Hydrilla verticillata* (L. fil.) Royle 검정말

경북 문경시 산양면 평지지(A20040724*), 경북 문경시 산양면 존도리 금천(A20040916), 경북 예천군 풍양면 낙상리 삼청지(A20040810*), 경북 칠곡군 왜관읍 장원봉(S20040730*), 경북 영천시 범어동 범어제(A20040722), 경북 영천시 본촌동 본촌제(A20040722), 경북 영천시 금호읍 오계리 대승제(A20040810*), 경북 영천시 오미동 삼귀지(A20040916), 경북 영천시 북안면 유하리 유상대제(A20040722), 경북 경산시 압량면 현흥리 연지(A20040810; A20040916), 대구 달성군 유가면 기산지(A20040915), 경북 청도군 이서면 학산리(A20040922), 경북 청도군 매전면 지전리 동산마을(S20040728*), 경북 청도군 이서면 신촌리(A20040727*), 경북 청도군 청도읍 월곡교(S20040728*), 경북 청도군 화양읍 유등리 노산지(A20040922), 경남 합천군 대양면 정양리 정양지(A20040623), 경남 합천군 적중면 상부리(A20040915), 경남 합천군 합천읍 금양리 금양삼거리(A20040915), 경남 창녕군 유어면 대대리 우포(A20040922), 경남 창녕군 계성면 번개늪(S20040623*; S20040924*), 경남 창녕군 남지읍 성사리 성사교(S20041014), 경남 창녕군 영산면 장척지(S20040623*), 경남 밀양시 상동면 안인리 안인제(S20040728*), 경남 밀양시 초동면 신호리(S20041014*), 경남 밀양시 초동면 초동지(S20040728), 경남 밀양시 초동면 검암리(S20041021*), 경남 의령군 부림면 입산리 유곡천(S20041015), 경남 산청군 생비량면 시매교(S20040706*), 경남 산청군 신등면 양전리 신등중고교 인근(S20040706*), 경남 창원시 동읍 산남저수지(S20040729*), 경남 창원시 동읍 주남저수지(S20040729), 경남 김해시 한림면 봉화마을(S20040728*), 경남 김해시 대동면 신안나루터(S20041001), 경남 김해시 대동면 예안리(A20040921*), 경남 김해시 한림면 장재교(S20040728*), 경남 진주시 옥종면 문암교 (S20040925*), 부산 강서구 강동동 평강교(S20040810*), 부산 강서구 명지동 서낙동강 하류(S20040809), 부산 강서구 삼락동 낙동강 고수부지(S20041014*)

23. *Ottelia alismoides* (L.) Person 물질경이

경북 영양읍 삼지리 원댕이못(A20040923*), 경북 영천시 본촌동 본촌제(A20040722*), 경남 합천군 적중면 황정리(A20040915)

24. *Hydrocharis dubia* (Blume) Backer 자라풀

경북 영천시 금호읍 오계리 대승제(A20040810), 경북 영천시 청통면 대평리 풍락제(A20040723*), 경남 합천군 대양면 정양리 정양지(A20040809), 경남 창녕군 유어면 대대리 우포(A20040809; A20040915), 경남 창녕군 대합면 주매리 사지포(A20040622; A20040915; A20041013), 경남 창녕군 영산면 장척지(S20040623; S20040924), 경남 창녕군 유어면 미구리 팔락늪(S20040622), 경남 창녕군 장마면 유동지(S20040623), 경남 함안군 법수면 대평늪(S20040624), 경남 함안군 법수면 질날벌(S20040624), 경남 함안군 법수면 황사리 황사(S20040624; S20040924), 경남 창원시 동읍 주남저수지(S20040729; S20041002), 경남 창원시 동읍 산남저수지(S20040729*), 경남 김해시 한림면 봉화마을(S20040728), 경남 김해시 대동면 신안나루터(S20041001), 경남 김해시 한림면 퇴래리 화포천(A20040921*), 경남 진주시 집현면 장흥리 월평교(S20040624), 부산 강서구 삼락동 낙동강 고수부지(S20040809; S20041014)

Poaceae (벼과)

25. *Leersia japonica* Makino 나도겨풀

경북 문경시 산양면 우본리 우본지(A20041014*), 경북 문경시 산양면 존도리 금천(A20040916), 경북 예천군 풍양면 낙상리 삼청지(A20040810), 경북 영천시 금호읍 오계리 대승제(A20040810), 경북 영천시 범어동 범어제(A20040722), 대구 달성군 유가면 기산지(A20041013*), 경북 청도군 각북면 덕촌리 덕산초등학교(S20040727), 경북 청도군 이서면 양원리 상당마을(S20040727), 경북 청도군 풍각면 차산리 청석지(S20040727), 경북 청도군 화양읍 토평리 군자정(S20040727), 경남 합천군 적중면 양림리 하장림지(A20040809), 경남 창녕군 영산면 장척지(S20040623; S20040924*), 경남 밀양시 무안면 내진리 내진마을(S20040728), 경남 산청군 신등면 골담 사정저수지(S20040706*), 경남 산청군 신등면 양전리 신등중고교 인근(S20040706), 경남 의령군 부림면 입산리 유곡천(S20041015), 경남 창원시 동읍 주남저수지(S20040729), 경남 함안군 법수면 대평늪(S20040624), 경남 진주시 옥종면 문암교(S20040925), 경남 진주시 지수면 청담리 들말(S20041015), 부산 강서구 삼락동 낙동강 고수부지(S20040809*; S20041014)

26. *Zizania latifolia* Turcz. 줄

경북 문경시 산양면 우본리 우본지(A20040724), 경북 상주시 초산동 중덕지(A20040623), 경북 영양군 영양읍 삼지리 탑밑못(A20040923), 경북 영양군 영양읍 삼지리 바대못(A20040923*), 경북 구미시 지산동 지산늪(A20040624*; A20040723*; A20041022*), 경북 영천시 금호읍 오계리 대승제(A20040810), 경북 영천시 봉동(A20041014*), 경북 영천시 범어동 범어제(A20040722), 경북 영천시 청통면 대평리 풍락제(A20040723), 대구 달성군 유가면 기산지(A20041013*), 경북 청도군 화양읍 유등리 노산지(A20040922), 경북 청도군 화양읍 토평리 군자정(S20040727), 경남 합천군 대양면 정양리 정양지(A20040623*; A20040809*), 경남 합천군 용주면 손목리 박실지(A20040623), 경남 합천군 합천읍 금양리 금양삼거리(A20041013*), 경남 창녕군 유어면 대대리 우포(A20040809*), 경남 창녕군 대합면 주매리 사지포(S20040622; A20040809), 경남 창녕군 유어면 미구리 팔락늪(S20040622), 경남 창녕군 남지읍 성사리 성사교(S20041014), 경남 창녕군 장마면 유동지(S20040623), 경남 밀양시 상동면 안인리 안인제(S20040728), 경남 밀양시 초동면 신호리(S20041014*), 경남 함안군 대산면 대치리 모시벌(S20040623), 경남 함안군 대산면 항아골늪(S20040623), 경남 함안군 법수면 대평늪(S20040624), 경남 함안군 법수면 질날벌(S20040624), 경남 함안군 법수면 황사리 황사(S20040624; 20040924), 경남 창원시 동읍 동판저수지(S20041014), 경남 창원시 동읍 주남저수지(S20040729), 경남 김해시 한림면 봉화마을(S20040728), 경남 김해시 대동면 신안나루터

(S20041001), 경남 양산시 물금읍 양산천 중류(S20040809), 경남 진주시 옥종면 문암교(S20040925), 경남 진주시 집현면 장흥리 월평교(S20040624), 부산 강서구 강동동 평강천 중류(S20040809*), 부산 강서구 강동동 평강교(S20040810), 부산 강서구 명지동 서낙동강 하류(S20040809), 부산 강서구 삼락동 낙동강 고수부지(S20040809)

27. *Phragmites australis* (Cav.) Trin ex Steud. 갈대

경북 문경시 산양면 우본리 우본지(A20040724), 경북 문경시 산양면 평지지(A20041014), 경북 문경시 산양면 존도리 금천(A20040916*), 경북 영양읍 삼지리 바대못(A20040923), 경북 영천시 북안면 유상리 유상대제(A20040722*), 경북 영천시 북안면 유하리 유상대제(A20041014*), 경북 영천시 연화동 우노제(A20040916*), 경북 경산시 압량면 현흥리 연지(A20040810), 경북 경산시 진량읍 내리리 문천지(A20040623*), 대구 달성군 유가면 기산지(A20040915), 대구 달성군 유가면 황지(A20040915), 경북 청도군 화양읍 유등리 노산지(A20040922), 경남 합천군 용주면 손목리 박실지(A20040623), 경남 창원시 동읍 주남저수지(S20041002), 경남 창원시 동읍 동판저수지(S20041014), 경남 함안군 대산면 항아골늪(S20040623*), 경남 김해시 대동면 신안나루터(S20041001), 경남 의령군 부림면 입산리 유곡천(S20041015), 경남 진주시 지수면 청담리 들말(S20041015), 경남 양산시 물금읍 양산천 중류(S20040809), 부산 강서구 강동동 시만교(S20040810), 부산 강서구 명지동 서낙동강 하류(S20040809), 부산 강서구 삼락동 낙동강 고수부지(S20040809; S20041014), 부산 강서구 화전동 녹산제방(S20041001)

28. *Phragmites japonica* Steud. 달뿌리풀

경북 문경시 산양면 존도리 금천(A20041014), 경북 예천시 호명면 원곡리 경진교(A20040623*), 경북 청도군 화양읍 유등리 노산지(A20040922), 경남 밀양시 상동면 안인리 안인제(S20040728), 경남 의령군 부림면 입산리 유곡천(S20041015)

29. *Eleocharis kuroguwai* Ohwi 올방개

경북 문경시 산양면 우본리 우본지(A20041014), 경북 상주시 초산동 중덕지(A20040810), 경북 영양읍 삼지리 바대못(A20040923), 대구 달성군 유가면 황지(A20040915), 경남 합천군 적중면 황정리(A20040915), 경남 합천군 합천읍 금양리 금양삼거리(A20041013), 경남 밀양시 초동면 신호리(S20041014), 경남 밀양시 초동면 검암리(A20041021), 경남 함안군 대산면 항아골(S20040623)

30. *Eleocharis mamillata* var. *cyclocarpa* Kitagawa 물꼬챙이골

경남 함안군 대산면 항아골늪(S20040623*), 경남 창원시 동읍 동판저수지(S20041014*), 부산 강서구 삼락동 낙동강 고수부지(S20041014)

31. *Bolboschoenus maritimus* (L.) Palla 매자기

경북 영천시 범어동 범어제(A20040722*), 경북 영천시 청통면 대평리 풍락제(A20040723), 경북 경산시 진량읍 내리리 문천지(A20040623*), 경남 창녕군 대합면 주매리 사지포(S20040622)

32. *Schoenoplectiella triangulata* (Roxb.) J. Jung and H.-K. Choi 송이고랭이

경북 문경시 산양면 존도리 금천(A20040916), 경북 상주시 초산동 중덕지(A20040623), 경북 청도군 화양읍 유등리 노산지(A20040922*), 경남 합천군 용주면 손목리 박실지(A20040623), 경남 합천군 적중면 양림리 하장림지(A20040809), 경남 합천군 적중면 두방리(A20040915), 경남 합천군 합천읍 금양리 금양삼거리(A20040915), 경남 함안군 대산면 항아골늪(S20040623), 경남 사천시 곤명면 정곡리(S20040925), 경남 진주시 옥종면 문암마을(S20040925)

33. *Schoenoplectus triqueter* (L.) Palla 세모고랭이

경북 문경시 산양면 존도리 금천(A20040916; A20041014), 경북 영천시 오미동 삼귀지(A20040916), 경북 영천시 봉동(A20041014), 경남 창녕군 유어면 대대리 우포(A20040915), 경남 창녕군 남지읍 성사리 성사교(S20041014), 경남 밀양시 초동면 검암리(A20041021), 경남 창원시 동읍 동판저수지(S20041014), 경남 의령군 부림면 입산리 유곡천(S20041015), 경남 진주시 옥종면 문암교(S20040925*)

34. *Schoenoplectus tabernaemontani* (C.C.Gmel.) Palla 큰고랭이

경북 영천시 봉동(A20041014), 경남 함안군 대산면 항아골늪(S20040623), 경남 함안군 법수면 대평늪(S20040623), 경남 함안군 법수면 질날벌(S20040624), 부산 강서구 삼락동 낙동강 고수부지(S20041014)

Araceae (천남성과)

35. *Acorus calamus* var. *angustatus* Besser 창포

경북 문경시 산양면 우본리 우본지(A20041014*), 경북 예천군 풍양면 낙상리 삼청지(A20040810), 경북 안동시 풍산읍 만운리 만운저수지(A20040625*), 경북 영천시 연화동 우노제(A20040916*), 경북 청도군 풍각면 차산리 청석지(S20040727), 경남 창녕군 유어면 대대리 우포(A20040809*; A20041021*), 경남 산청군 생비량면 소이리 소이교(S20040706), 경남 산청군 신등면 골담 사정저수지(S20040706), 경남 함안군 법수면 대평늪(S20040624), 경남 창원시 동읍 동판저수지(S20041014)

Lemnaceae (개구리밥과)

36. *Spirodela polyrhiza* (L.) Schleiden 개구리밥

경북 문경시 산양면 평지지(A20040724), 경북 영천시 금호읍 오계리 대승제(A20040810*), 경북 청도군 이서면 양원리 상당마을(S20040727*), 경북 청도군 청도읍 월곡교(S20040728), 경북 청도군 화양읍 토평리 군자정(S20040727*), 경남 창녕군 계성면 번개늪(S20040623*), 경남 창녕군 유어면 대대리 우포

(A20040809*), 경남 창녕군 대합면 주매리 사지포(S20040622; A20041013*; A20041021*), 경남 창녕군 영산면 장척지(S20040623), 경남 창녕군 장마면 유동지(S20040623*), 경남 창녕군 남지읍 성사리 성사교(S20041014*), 경남 밀양시 초동면 초동지(S20040728*), 경남 함안군 대산면 대치리 모시벌(S20040623*), 경남 함안군 대산면 항아골늪(S20040623*), 경남 함안군 법수면 질날벌(S20040624*), 경남 창원시 동읍 산남저수지(S20040729), 경남 김해시 한림면 봉화마을(S20040728), 경남 김해시 한림면 장재교(S20040728), 경남 김해시 대동면 신안나루터(S20040810), 경남 진주시 집현면 장흥리 월평교(S20040624), 부산 강서구 강동동 평강천 중류(S20040809*), 부산 강서구 강동동 시만교(S20040810*), 부산 강서구 강동동 평강교(S20040810), 부산 강서구 명지동 서낙동강 하류(S20040809), 부산 강서구 삼락동 낙동강 고수부지(S20040809)

37. *Lemna minor* L. (*s.l.*) 좀개구리밥

경북 안동시 풍산읍 소산리 소산지(A200408118), 경북 의성군 안계면 봉양리 개천지(A20040723*), 경북 구미시 지산동 지산늪(A20040624*), 경북 청도군 이서면 양원리 상당마을(S20040727), 경북 청도군 청도읍 월곡교(S20040728), 경남 밀양시 초동면 신호리(S20041014*), 경남 창원시 동읍 산남저수지(S20040729), 경남 김해시 한림면 봉화마을(S20040728), 경남 김해시 대동면 신안나루터(S20040810), 경남 김해시 한림면 장재교(S20040728), 경남 밀양시 상동면 안인리 안인제(S20040728*), 경남 함안군 대산면 대치리 모시벌(S20040623*), 경남 함안군 대산면 항아골늪(S20040623*), 부산 강서구 강동동 평강천 중류(S20040809*), 부산 강서구 강동동 시만교(S20040810), 부산 강서구 강동동 평강교(S20040810), 부산 강서구 명지동 서낙동강 하류(S20040809*), 부산 강서구 삼락동 낙동강 고수부지(S20040809; S20041014*)

38. *Wolffia arrhiza* (L.) Kurz. 분개구리밥

경남 창원시 동읍 주남저수지(S20041002)

Commelinaceae (닭의장풀과)

39. ***Murdannia keisak*** **(Hassk.) Hand.-Mazz.** 사마귀풀

경북 문경시 산양면 우본리 우본지(A20041014*), 경북 영양읍 삼지리 탑밑못(A20040923), 경북 구미시 연곡천 하류(S20040730), 경북 영천시 본촌동 본촌제(A20040722*; A20041014*), 경북 경산시 압량면 현흥리 연지(A20040809*), 경북 청도군 이서면 학산리(A20040922), 경남 합천군 용주면 손목리 박실지(A20040623), 경남 합천군 적중면 황정리(A20041021), 경남 창녕군 대합면 주매리 사지포(A20040809; A20040915), 경남 밀양시 초동면 신호리(S20041014), 경남 김해시 대동면 신안나루터(A20040810*)

Pontederiaceae (물옥잠과)

40. ***Monochoria korsakowi*** **Regel et Maack** 물옥잠

경남 합천군 합천읍 금양리 금양삼거리(A20040915; A20041013), 경남 합천군 대양면 정양리 정양지(A20040809*), 경남 창녕군 대합면 주매리 사지포(A20040915), 경남 밀양시 초동면 신호리(S20041014), 경남 밀양시 초동면 검암리(A20041021*), 경남 김해시 대동면 신안나루터(S20041001), 경남 김해시 대동면 예안리(A20040921*), 경남 함안군 법수면 질날벌(S20040624), 경남 함안군 법수면 황사리 황사(S20040924), 부산 강서구 삼락동 낙동강 고수부지(S20041014)

41. ***Monochoria vaginalis*** **var.** ***plantaginea*** **(Rixburgh) Solms-Laubach** 물달개비

경북 문경시 산양면 우본리 우본지(A20040724*), 경북 문경시 산양면 평지지(A20041014), 경북 상주시 초산동 중덕지(A20041022), 경북 영양읍 삼지리 원댕이못(A20040923), 경북 영천시 본촌동 본촌제(A20041014*), 경북 경산시 압량면 현흥리 연지(A20040809*), 경남 합천군 용주면 성산리 제기동(A20040809*), 경남 합천군 용주면 손목리 박실지(A20040809*), 경남 합천군 적중면 황정리(A20040915), 경남 진주시 옥종면 문암교(S20040925)

Juncaceae (골풀과)

42. *Juncus effusus* var. *decipiens* Buchen. 골풀

경북 문경시 산양면 우본리 우본지(A20040724; A20041014*), 경북 문경시 산양면 평지지(A20040724), 경북 상주시 초산동 중덕지(A20040624; A20041022), 경북 구미시 해평면 창림리 창림지(A20040723), 경남 사천시 곤명면 정곡리(S20040925)

Polygonaceae (마디풀과)

43. *Polygonum thunbergii* Sieb. et Zucc. 고마리

경북 문경시 산양면 존도리 금천(A20040916), 경북 영양군 영양읍 삼지리 바대못(A20040922*), 경북 영양군 영양읍 삼지리 원댕이못(A20040923), 경북 청도군 이서면 학산리(A20040922), 경북 청도군 화양읍 유등리 노산지(A20040922*), 경남 합천군 적중면 황정리(A20040915), 경남 밀양시 초동면 검암리(A20041021), 경남 밀양시 상동면 안인리 안인제(S20041015), 경남 김해시 대동면 신안나루터(S20041001), 경남 진주시 옥종면 문암교(S20040925)

44. *Persicaria amphibia* (L.) S.F. Gray 물여뀌

경북 구미시 해평면 창림리 창림지(A20040723), 경북 영천시 북안면 유상리 유상대제(A20040722)

Nymphaceae (수련과)

45. *Nuphar pumilum* var. *ozeense* (Miki) Hara 남개연

경북 구미시 지산동 지산늪(A20040624)

46. *Euryale ferox* Salisb. 가시연꽃

경북 상주시 초산동 중덕지(A20040623), 경북 영천시 본촌동 본촌제(A200410

14), 경남 창녕군 대합면 주매리 사지포(A20041013*), 경남 창녕군 계성면 번개늪(S20040623), 경남 창녕군 영산면 장척지(S20040623), 경남 함안군 법수면 질날벌(S20040624; S20040924), 경남 창원시 동읍 주남저수지(S20040729)

Nelumbonaceae (연과)

47. ***Nelumbo nucifera*** **Gaertn. 연꽃**

경북 상주시 초산동 중덕지(A20040623*), 경북 영양군 영양읍 삼지리 원댕이못(A20040923*), 경북 영양읍 삼지리 탑밑못(A20040923*), 경북 구미시 지산동 지산늪(A20040624*), 경북 경산시 압량면 현흥리 연지(A20040810), 경북 청도군 이서면 양원리 상당마을(A20040727*), 경북 청도군 화양읍 토평리 군자정(S20040727; A20040922*), 경남 창녕군 영산면 장척지(S20040623; S20040924), 경남 합천군 용주면 성산리 제기동(A20040809*), 경남 합천군 합천읍 금양리 금양삼거리(A20041013*)

Ceraptophyllaceae (붕어마름과)

48. ***Ceratophyllum demersum*** **L. 붕어마름**

경북 문경시 산양면 존도리 금천(A20040916), 경북 문경시 산양면 평지지(A20040724), 경북 상주시 초산동 중덕지(A20040623), 경북 예천군 풍양면 낙상리 삼청지(A20040810), 경북 영양군 영양읍 삼지리 탑밑못(A20040923), 경북 구미시 연곡천 하류(S20040730), 경북 영천시 오미동 삼귀지(A20040916), 경북 영천시 금호읍 오계리 대승제(A20040810), 경북 영천시 범어동 범어제(A20040722*), 경북 영천시 본촌동 본촌제(A20040722), 경북 영천시 청통면 대평리 풍락제(A20040723), 경북 경산시 진량읍 내리리 문천지(A20040810*), 경북 경산시 압량면 현흥리 연지(A20040810), 경북 청도군 매전면 지전리 동산마을(S20040728), 경북 청도군 화양읍 토평리 군자정(S20040727; A20040922), 경남 합천군 적중면 상부리 소바우못(A20040915), 경남 합천군 대양면 정양리 정양지(A20040623), 경남 창녕군 유어면 대대리 우포(A20040922*), 경남 창녕군 대합면 주매리 사지포(A20040622; S20040622), 경남 창녕군 유어면 미구리 팔락늪(S20040622), 경남 창녕군 계성면 번개늪(S20040924), 경남 창녕군 영산면 장척지(S20040623; S20040924), 경남 창녕군 남지읍 성사리 성사교(S20041014), 경남 밀양시 초동면 검암리(A20041021*), 경남 밀양시 초동면 신호리(S20041014), 경남 의령군 부림면 입산리 유곡천(S20041015*), 경남 창원시 동읍 산남저수지(S20040729), 경남 창원시 동읍 주남저수지(S20040729), 경남 김해시 한림면 봉화마을(S20040728), 경남 김해시 대동면 신안나루터(S20041001*), 경남 김해시 한림면 장재교(S20040728), 경남 함안군 대산면 항아골늪(S20040623*), 경남 함안군 법수면 대평늪(S20040624), 경남 함안군 법수면 질날벌(S20040624), 경남 함안군 법수면 황사리 황사(S20040624; S20040924), 경남 양산시 물금읍 양산천 중류(S20040809*), 경남 진주시 옥종면 문암교(S20040925*), 경남 진주시 집현면 장흥리 월평교 인근(S20040624), 부산 강서구 강동동 평강천 중류(S20040809), 부산 강서구 강동동 시만교(S20040810), 부산 강서구 강동동 평강교(S20040810), 부산 강서구 명지동(S20040809), 부산 강서구 삼락동 낙동강 고수부지(S20040809; S20041014)

Elatinaceae (물별과)

49. ***Elatine triandra*** **Schk. 물별**

경남 창원시 동읍 주남저수지(S20041002), 부산 강서구 삼락동 낙동강 고수부지(S20041014)

Lythraceae (마디꽃과)

50. ***Rotala indica*** **(Willd.) Koehne. 마디꽃**

경남 합천군 적중면 황정리(A20040915), 경남 창녕군 계성면 번개늪(S20040924), 경남 사천시 곤명면 정곡리(S20040924)

51. *Trapa japonica* Flerov 마름

경북 문경시 산양면 우본리 우본지(A20040724), 경북 문경시 산양면 평지지(A20040724; A20041014), 경북 문경시 산양면 존도리 금천(A20040916), 경북 상주시 초산동 중덕지(A20040810), 경북 예천군 풍양면 낙상리 삼청지(A20040810*), 경북 안동시 풍천면 가곡리 여자지(A20040625), 경북 안동시 풍산읍 소산리 소산지(A20040811), 경북 의성군 안계면 봉양리 개천지(A20040723), 경북 영양읍 삼지리 원댕이못(A20040923), 경북 영양읍 삼지리 바대못(A20040923), 경북 구미시 지산동 지산늪(A20040624*; A20041022*), 경북 구미시 연곡천 하류(S20040730), 경북 경산시 진량읍 내리리 문천지(A20040623*; A20040810*), 경북 영천시 금호읍 오계리 대승제(A20040810), 경북 영천시 본촌동 본촌제(A20040722), 경북 영천시 북안면 유상리 유상대제(A20040722; A20040809), 경북 영천시 봉동(A20040809), 경북 영천시 오미동 삼귀지(A20040916), 경북 영천시 범어동 범어제(A20040722*), 경북 영천시 청통면 대평리 풍락제(A20040723*), 대구 달성군 유가면 황지(A20040915), 경북 청도군 각북면 덕촌리 덕산초등학교(S20040727), 경북 청도군 이서면 신촌리(S20040727), 경북 청도군 이서면 양원리 상당마을(S20040727), 경북 청도군 화양읍 현흥리 군자정(A20040922), 경북 청도군 풍각면 차산리 청석지(S20040727), 경남 합천군 대양면 정양리 정양지(A20040623), 경남 합천군 용주면 손목리 박실지(A20040623*), 경남 합천군 적중면 양림리 하장림지(A20040809), 경남 합천군 적중면 두방리(A20040915*), 경남 창녕군 유어면 대대리 우포(A20040922), 경남 창녕군 대합면 주매리 사지포(A20040622; S20040622; A20040809), 경남 창녕군 영산면 장척지(S20040623; S20040924), 경남 창녕군 유어면 미구리 팔락늪(S20040622*), 경남 창녕군 계성면 번개늪(S20040623), 경남 창녕군 남지읍 성사리 성사교(S20041014*), 경남 창녕군 장마면 유동지(S20040623), 경남 밀양시 상남면 외산리 밀양강 하류(S20040728), 경남 밀양시 초동면 신호리(S20041014), 경남 산청군 신등면 골담 사정저수지(S20040706), 경남 산청군 생비량면 소이리 소이교(S20040706), 경남 산청군 신등면 양전리 신등중고교 (S20040706), 경남 의령군 부림면 입산리 유곡천(S20041015), 경남 함안군 대산면 항아골늪(20040623), 경남 함안군 법수면 대평늪(S20040624), 경남 함안군 법수면 질날벌(S20040624), 경남 함안군 법수면 황사리 황사(S20040624; 20040924), 경남 창원시 동읍 산남저수지(S20040729), 경남 창원시 동읍 주남저수지(S20040729; S20041002), 경남 김해시 한림면 봉화마을(S20040728), 경남 김해시 한림면 장재교(S20040728*), 경남 진주시 옥종면 문암교(S20040925*), 경남 진주시 집현면 장흥리 월평교(S20040624), 경남 진주시 지수면 청담리 들말 인근(S20041015), 부산 강서구 강동동 평강천 중류(S20040809), 부산 강서구 강동동 평강교(S20040810), 부산 강서구 명지동 서낙동강 하류(S20040809), 부산 강서구 삼락동 낙동강 고수부지(S20040809)

52. *Trapa incisa* Siebold et Zuccarini 애기마름

대구 달성군 유가면 기산지(A20040915), 대구 달성군 유가면 황지(A20041013*), 경남 밀양시 초동면 검암리(A20041021)

Haloragaceae (개미탑과)

53. *Myriophyllum spicatum* L. 이삭물수세미

경북 문경시 산양면 존도리 금천(A20040916), 경북 문경시 산양면 평지지(A20040724*), 경북 영양읍 삼지리 바대못(A20040923), 경북 구미시 연곡천 하류(S20040730*), 경북 영천시 오미동 삼귀지(A20040916), 경북 영천시 범어동 범어제(A20040722), 경북 영천시 본촌동 본촌제(A20040722), 대구 달성군 유가면 기산지(A20040915), 경북 청도군 이서면 신촌리(S20040727), 경북 청도군 청도읍 월곡교(S20040728*), 경북 청도군 화양읍 유등리 노산지(A20040922), 경남 합천군 용주면 손목리 박실지(A20040623), 경남 창녕군 영산면 장척지(S20040623), 경남 밀양시 상동면 안인리 안인제(S20040728*; S20041015*), 경남 의령군 부림면 입산리 유곡천(S20041015), 경남 창원시 동읍 산남저수지(S20040729*)

Apiaceae (산형과)

54. ***Oenanthe javanica*** **(Blume) DC. 미나리**

경북 문경시 산양면 존도리 금천(A20040916*), 경북 영양읍 삼지리 원댕이못(A20040923), 경북 영양읍 삼지리 바대못(A20040923), 경남 합천군 대양면 정양리 정양지(A20040623), 경남 창녕군 영산면 장척지(S20040623), 경남 밀양시 초동면 검암리(A20041021), 경남 밀양시 초동면 신호리(S20041014), 경남 김해시 대동면 신안나루터(S20040810; S20041014)

Menyanthaceae (조름나물과)

55. ***Nymphoides peltata*** **(Gmelin) O. Kuntze 노랑어리연꽃**

경북 상주시 초산동 중덕지(A20040623*), 경북 경산시 진량읍 내리리 문천지(A20040810), 경북 영천시 봉동(A20040723; A20041014*), 경북 청도군 화양읍 토평리 군자정(A20040922), 경북 청도군 이서면 양원리 상당마을(S20040727), 경북 청도군 청도읍 월곡교(S20040728), 경북 청도군 화양읍 유등리 노산지(A20040922*), 경남 창녕군 유어면 대대리 우포(A20041013), 경남 창녕군 대합면 주매리 사지포(S20040622; A20040809), 경남 창녕군 영산면 장척지(S20040623; S20040924*), 경남 창녕군 남지읍 성사리 성사교(S20041014), 경남 밀양시 무안면 내진리 내진마을(S20040728), 경남 밀양시 상남면 외산리 밀양강 하류(S20040728), 경남 밀양시 상동면 안인리 안인제(S20040728; S20041015*), 경남 밀양시 초동면 신호리(S20041014), 경남 의령군 부림면 입산리 유곡천(S20041015), 경남 창원시 동읍 산남저수지(S20041002), 경남 김해시 한림면 봉화마을(S20040728)

56. ***Nymphoides indica*** **(L.) O. Kuntze 어리연꽃**

경북 문경시 산양면 우본리 우본지(A20041014), 경북 영천시 본촌동 본촌제(A20040722), 경북 영천시 범어동 범어제(A20040722*), 경북 청도군 이서면 신촌리(S20040727), 경남 합천군 적중면 양림리 하장림지(A20040809), 경남 창녕군 계성면 번개늪(S20040623), 경남 창녕군 영산면 장척지(S20040623*; S20040623), 경남 창원시 동읍 산남저수지(S20040729; S20041002), 경남 창원시 동읍 주남저수지(S20040729)

Scrophulariaceae (현삼과)

57. *Lindernia procumbens* (Krocker) Philcox 밭뚝외풀

경북 문경시 산양면 평지지(A20040724; A20041014), 경남 창녕군 계성면 번개늪(S20040924)

Cucurbitaceae (박과)

58. *Actionostemma lobatum* Max. 뚜껑덩굴

경북 문경시 산양면 존도리 금천(A20040916), 경남 합천군 대양면 정양리 정양지(A20040809), 경남 합천군 적중면 황정리(A20040915*), 경남 창녕군 대합면 주매리 사지포(A20040622; A20040915), 경남 창녕군 남지읍 신전저수지(S20041014), 경남 창원시 동읍 주남저수지(A20040921*), 부산광역시 삼락동 낙동강 고수부지(S20041014)

Pedaliaceae (참깨과)

59. *Trapella sinensis* var. *antennifera* (Leveille) Hara 수염마름

경남 창녕군 대합면 주매리 사지포(S20040622), 경남 창녕군 영산면 장척지(S20040623; S20040924), 경남 창녕군 남지읍 성사리 성사교(S20041014), 경남 김해시 한림면 봉화마을(S20040728)

Lentibulariaceae (통발과)

60. *Utricularia pilosa* Makino 들통발

경남 함안군 법수면 황사리 황사(S20041117)

61. *Utricularia vulgaris* var. *japonica* L. 통발

경북 영양읍 삼지리 탑밑못(A20040923), 경남 합천군 대양면 정양리 정양지(A20040623*), 경남 창녕군 유어면 미구리 팔락늪(A20040622), 경남 함안군 법수면 황사리 황사(S20040624), 경남 함안군 법수면 질날벌(S20040924), 경남 함안군 대산면 항아골늪(S20040623)

Lobeliaceae (숫잔대과)

62. *Lobelia chinensis* Loureiro 수염가래꽃

경북 영양군 영양읍 삼지리 바대못(A20040923), 경남 합천군 용주면 손목리 박실지(A20040623*)

참 고

1. 괄호는 증거표본의 채집자 소속기관과 채집일을 나타냄
 - A 아주대학교; S 순천향대학교
2. *는 증거표본이 부재하나 생체 및 종자, 화상자료의 형태로 수집된 종류

요 약

2004년에 조사된 낙동강 수계 내의 수생관속식물은 30과 42속 53종 2 아종 7변종으로 총 62분류군인 것으로 나타났다. 이들 62 종류의 낙동강 수계의 수생관속식물에 대하여 각 분류군별로 분포도를 작성하여 낙동강 수계 내에서 각 수생식물의 출현 장소를 알 수 있도록 표시하였다. 또한, 이들 각 종의 특징과 용도를 해설하였고, 현장에서 찍은 수생관속식물의 생태 사진을 수록하였다.

조사된 낙동강 수계의 수생관속식물 중에서 희귀 및 멸종위기 식물인 흑삼릉 (*Sparganium erectum* L.), 자라풀 [*Hydrocharis dubia* (Blume) Backer], 창포 (*Acorus calamus* var. *angustatus* Besser), 가시연꽃 (*Euryale ferox* Salisbury), 통발 (*Utricularia vulgaris* var. *japonica* L.) 등이 확인되었다.

낙동강 수계에서 확인된 출현 수생관속식물 중에서, 올미 (*Sagittaria pygmaea* Miquel), 솔잎가래 (*Potamogeton pectinatus* L.), 남개연 [*Nuphar pumilum* var. *ozeense* (Miki) Hara], 분개구리밥 [*Wolffia arrhiza* (L.) Kurz.], 민나스말(*Najas marina* L.), 들통발 [*Utricularia pilosa* (Makino) Makino] 등은 전 수계내에서 1개 지점에서 발견되어 분포가 제한되었거나 희귀한 종류인 것으로 보인다. 20개소 이상에서 분포가 확인되어 분포역이 광범위한 수생식물로서 정수성 식물인 것으로는 나도겨플 (*Leersia japonica* Makino), 갈대 [*Phragmites australis* (Cav.) Trin ex Steud.], 애기부들 (*Typha angustifolia* L.), 줄 (*Zizania latifolia* Turczaninow) 등이 확인되었고, 부엽성 수생식물로는 마름 (*Trapa japonica* Flerov), 부유성인 수생식물로는 생이가래 [*Salvinia natans* (L.) Allioni], 개구리밥 [*Spirodela polyrhiza* (L.) Schleiden], 침수성인 종류로는 말즘 (*Potamogeton crispus* L.), 검정말 [*Hydrilla verticillata* (L. fil.) Royle], 붕어마름 (*Ceratophyllum demersum* L.) 등이 각각 확인되었다.

참고문헌

정영호·신현철·최홍근. 1989. 낙동강 하구수역의 수생관속식물상과 현존량. 자연보존 65:39-48.

정영호·최홍근. 1987. 함안소재 자연늪의 수생관속식물상. 환경생물학회지 5: 17-28.

최홍근. 2000. 수생관속식물. 정행사.

최홍근·이상명. 1987. 주남저수지의 수생관속식물상과 현존량. 환경생물학회지 5:39-50.

Kadono, Y. 1994. Aquatic plants of Japan. Bun-ichi Sogo Shuppan.

부 록 : 낙동강 수계 수생식물 분포도 90개 지점의 GPS 좌표

일련번호	GPS											
	위도 (° ′ ″)						경도 (° ′ ″)					
1	36	°	37	′	40.5	″	128	°	17	′	18.0	″
2	36	°	37	′	11.4	″	128	°	15	′	17.7	″
3	36	°	35	′	21.3	″	128	°	14	′	10.0	″
4	36	°	26	′	30.0	″	128	°	10	′	56.7	″
5	36	°	30	′	17.7	″	128	°	17	′	4.5	″
6	36	°	35	′	41.3	″	128	°	25	′	13.1	″
7	36	°	23	′	39.5	″	128	°	30	′	59.4	″
8	36	°	54	′	17.4	″	128	°	32	′	37.9	″
9	36	°	35	′	37.3	″	128	°	34	′	47.7	″
10	36	°	40	′	7.4	″	129	°	7	′	48.5	″
11	36	°	39	′	55.3	″	129	°	8	′	17.2	″
12	36	°	39	′	40.8	″	129	°	8	′	1.8	″
13	36	°	22	′	51.7	″	128	°	27	′	30.1	″
14	36	°	13	′	26.2	″	128	°	23	′	51.0	″
15	36	°	7	′	52.5	″	128	°	22	′	12.3	″
16	36	°	7	′	50.0	″	128	°	21	′	16.3	″
17	35	°	59	′	2.3	″	128	°	27	′	30.8	″
18	35	°	59	′	46.0	″	128	°	56	′	16.9	″
19	35	°	58	′	55.4	″	128	°	57	′	34.8	″
20	35	°	57	′	19.2	″	128	°	52	′	2.3	″
21	35	°	56	′	3.3	″	128	°	56	′	51.9	″
22	35	°	55	′	16.3	″	128	°	57	′	33.8	″
23	35	°	56	′	46	″	128	°	58	′	44.2	″
24	35	°	55	′	31.3	″	128	°	58	′	49.3	″
25	35	°	54	′	11.6	″	128	°	54	′	5.5	″
26	35	°	53	′	42.4	″	128	°	50	′	46.5	″
27	35	°	51	′	50.0	″	128	°	47	′	32.4	″
28	35	°	41	′	8.0	″	128	°	27	′	45.6	″

일련번호	GPS											
	위도 (° ′ ″)						경도 (° ′ ″)					
29	35	°	40	′	52.9	″	128	°	27	′	42.0	″
30	35	°	42	′	7.8	″	128	°	34	′	58.5	″
31	35	°	36	′	46.0	″	128	°	36	′	25.0	″
32	35	°	41	′	37.2	″	128	°	40	′	59.0	″
33	35	°	40	′	44.4	″	128	°	40	′	47.7	″
34	35	°	39	′	48.7	″	128	°	40	′	39.3	″
35	35	°	40	′	17.9	″	128	°	41	′	48.0	″
36	35	°	39	′	50.4	″	128	°	42	′	36.6	″
37	35	°	37	′	59.3	″	128	°	49	′	12.0	″
38	35	°	35	′	28.5	″	128	°	49	′	2.5	″
39	35	°	32	′	4.2	″	128	°	7	′	34.9	″
40	36	°	32	′	49.7	″	128	°	8	′	25.9	″
41	35	°	32	′	44.6	″	128	°	9	′	59.6	″
42	35	°	35	′	13.0	″	128	°	10	′	44.2	″
43	35	°	32	′	45.0	″	128	°	16	′	24.3	″
44	35	°	32	′	23.5	″	128	°	17	′	11.6	″
45	35	°	32	′	10.2	″	128	°	18	′	29.9	″
46	35	°	32	′	4.7	″	128	°	17	′	11.9	″
47	35	°	33	′	6.6	″	128	°	25	′	55.0	″
48	35	°	33	′	20.6	″	128	°	25	′	51.2	″
49	35	°	30	′	57.0	″	128	°	24	′	10.5	″
50	35	°	27	′	4.3	″	128	°	28	′	49.1	″
51	35	°	26	′	9.7	″	128	°	29	′	5.0	″
52	35	°	25	′	26.7	″	128	°	29	′	26.7	″
53	35	°	25	′	2.7	″	128	°	28	′	4.2	″
54	35	°	24	′	28.3	″	128	°	28	′	14.7	″
55	35	°	31	′	27.5	″	128	°	39	′	21.2	″
56	35	°	31	′	23.7	″	128	°	46	′	13.9	″
57	35	°	24	′	4.7	″	128	°	41	′	23.2	″
58	35	°	23	′	39.4	″	128	°	41	′	44.6	″
59	35	°	22	′	47.6	″	128	°	41	′	35.2	″

일련번호	GPS											
	위도 (° ′ ″)						경도 (° ′ ″)					
60	35	°	22	′	52.1	″	128	°	48	′	32.3	″
61	35	°	27	′	39.0	″	128	°	21	′	16.3	″
62	35	°	24	′	13.0	″	128	°	2	′	0.6	″
63	35	°	23	′	0.9	″	128	°	0	′	51.4	″
64	35	°	21	′	25.1	″	128	°	0	′	38.1	″
65	35	°	19	′	47.8	″	128	°	0	′	49.4	″
66	35	°	20	′	13.1	″	128	°	20	′	12.1	″
67	35	°	19	′	57.2	″	128	°	19	′	19.9	″
68	35	°	19	′	9.0	″	128	°	21	′	2.6	″
69	35	°	18	′	46.6	″	128	°	22	′	52.4	″
70	35	°	21	′	35.9	″	128	°	29	′	38.6	″
71	35	°	20	′	49.5	″	128	°	27	′	39.5	″
72	35	°	19	′	48.9	″	128	°	40	′	33.6	″
73	35	°	18	′	17.6	″	128	°	40	′	47.7	″
74	35	°	18	′	21.9	″	128	°	40	′	50.6	″
75	35	°	19	′	27.1	″	128	°	48	′	29.5	″
76	35	°	18	′	41.5	″	128	°	47	′	16.1	″
77	35	°	18	′	3.3	″	128	°	48	′	38.4	″
78	35	°	14	′	10.6	″	128	°	58	′	25.8	″
79	35	°	13	′	21.8	″	128	°	58	′	19.6	″
80	35	°	18	′	49.8	″	129	°	1	′	17.6	″
81	35	°	12	′	51.6	″	127	°	53	′	22.0	″
82	35	°	13	′	27.8	″	128	°	6	′	13.3	″
83	35	°	14	′	42.8	″	128	°	16	′	43.3	″
84	35	°	7	′	44.2	″	127	°	58	′	14.0	″
85	35	°	12	′	49.5	″	128	°	55	′	8.9	″
86	35	°	11	′	8.0	″	128	°	55	′	30.3	″
87	35	°	9	′	85.8	″	128	°	58	′	31.6	″
88	35	°	9	′	5.4	″	128	°	55	′	31.2	″
89	35	°	7	′	30.4	″	128	°	54	′	31.5	″
90	35	°	6	′	0.1	″	128		53		0.8	

INDEX

학명(국문)

INDEX

학명(영문)

INDEX

낙동강의 수생식물

저자 : 최홍근(Choi, Hong-Keun), 신현철(Shin, Hyunchur)

출판일 : 2014. 4. 1

발행일 : 2014. 4. 5

발행인 : 조민재

인쇄/발행처 : 한림원 출판사

(100-310) 서울특별시 중구 퇴계로 51길 20(오장동 206-3 넥서스타워) 1303호

Tel : 02.2273.4201 / Fax : 02.2273.4240

E-mail : hanrim@hanrimwon.com

Webhard : http://www.webhard.co.kr (ID : hanrimwon / PW : 22734201)

Homepage : http://www.hanrimwon.co.kr

ISBN 978-89-93512-49-6

값 : 15,000원